西北大学"双一流"建设项目资助

Sponsored by First-class Universities
and Academic Programs of Northwest University

谭玉松◎著

工业智能化视角下

中国碳排放绩效研究

Research on China's Carbon Emission Performance from the Perspective of

INDUSTRIAL INTELLIGENCE

中国经济出版社
CHINA ECONOMIC PUBLISHING HOUSE
北 京

图书在版编目（CIP）数据

工业智能化视角下中国碳排放绩效研究／谭玉松著
. --北京：中国经济出版社，2024.6
ISBN 978 - 7 -5136 -7759 -2

Ⅰ.①工… Ⅱ.①谭… Ⅲ.①工业经济 - 智能技术 -
关系 - 二氧化碳 - 节能减排 - 研究 - 中国 Ⅳ.①X511
②F424.1

中国国家版本馆 CIP 数据核字（2024）第 093179 号

责任编辑　张利影
责任印制　马小宾
封面设计　华子图文

出版发行　中国经济出版社
印 刷 者　河北宝昌佳彩印刷有限公司
经 销 者　各地新华书店
开　　本　710mm×1000mm　1/16
印　　张　13.25
字　　数　190 千字
版　　次　2024 年 6 月第 1 版
印　　次　2024 年 6 月第 1 次
定　　价　82.00 元

广告经营许可证　京西工商广字第 8179 号

中国经济出版社 **网址** http://epc.sinopec.com/epc/ **社址** 北京市东城区安定门外大街 58 号 **邮编** 100011
本版图书如存在印装质量问题，请与本社销售中心联系调换（联系电话：010 - 57512564）

近年来，随着雾霾、特大降雨与全球升温等自然灾害的频繁出现，传统依赖于单一要素红利的粗放型经济发展模式已不可持续，特别是经济进入新常态后的低生产率与高碳排放等问题逐渐成为制约中国经济高质量发展的症结。在 2020 年 9 月的联合国大会上，中国向世界庄严承诺，力争于 2030 年前实现碳达峰、2060 年前实现碳中和，标志着低碳发展开始成为中国经济发展的新模式。然而，一个不容忽视的问题是，我国作为世界上最大的二氧化碳排放国，仍然有 6 亿人口人均月收入不足 1000 元，发展经济在当前以及今后一段时间仍是中国的头等大事。因此，如何实现经济发展与环境保护的共存成为当前研究的重点。事实上，造成两难困境的根源在于要素使用效率低下，提升碳排放绩效可能成为化解问题的关键。工业企业作为碳排放的主要来源，生产流程与生产工艺的选择直接关系着碳排放绩效能否提升。自 2009 年美国率先提出"再工业化"战略以来，智能制造逐渐成为助推产业变革与抢占制造高峰的重要路径。为此，中国在 2015 年发布了《中国制造 2025》，标志着信息化、数字化、智能化与工业融合达到新高潮。工业智能化作为"人－机－物"互联互通的新型工业形式，在优化要素配置结构、改变企业生产模式、助推产业结构升级的同时必然带来环境绩效的改变。

在上述研究背景下，本书从碳排放绩效与工业智能化的现有文献出发,梳理碳排放绩效的影响因素及工业智能化的经济社会效应,归纳总结工业智能化对碳排放绩效影响研究的前沿成果,在此基础上进行定量检验,并依据实证结果提出针对性的政策建议。具体内容如下。

第一,归纳总结碳排放绩效与工业智能化的时空演变特征。基于城市层面样本数据选取超效率 EBM 模型与熵权法,分别测算碳排放绩效及工业智能化指数,动态演示时间、空间、区域层面碳排放绩效和工业智能化指数的变动趋势。

第二,实证检验工业智能化对碳排放绩效的作用效果及可能存在的差异性影响。从定量角度考察工业智能化对碳排放绩效的作用方向,探究智能化程度、智能化阶段、智能化维度以及城市规模、区位、资源属性差异下的异质性效应。

第三,定量考察工业智能化对碳排放绩效影响的传导路径及各传导效应贡献度。基于城市层面样本数据测算产业结构升级、要素优化配置、技术进步效应,构建中介效应检验模型,考察产业结构升级、要素优化配置、技术进步效应的中介效应大小及贡献度。

第四,识别影响工业智能化对碳排放绩效作用效果的外在条件。借助调节效应模型从"人-物-环境"等角度出发,考察人力资本水平、新型基础设施、市场化程度等外在条件如何影响工业智能化对碳排放绩效的作用效果。

第五,基于前述理论分析与实证研究结论,从智能化发展、产业转型、人力资本培育、环境规制等角度提出具有针对性的政策建议,即利用智能化革命的良好契机,通过政策引导有序推进社会智能化转型;依托智能化重构产业发展路径,建立绿色低碳产业发展体系;加大高等教育投入与劳动技能培训力度,以人才红利助推智能化绿色转向;警惕过度市场化下企业社会责任的缺失,以环境规制助推碳排放绩效的整体改善。

目录

第1章　绪论

1.1　研究背景与研究意义

1.1.1　研究背景

自 1978 年以来，不断深化的对内改革与对外开放助推中国经济持续了四十多年的跨越式增长，目前已成为世界第二大经济体。与此同时，全国居民人均可支配收入水平也从 1978 年的 171 元增加到 2021 年的 35128 元，造就了世界经济史上的奇迹。然而，一个不容忽视的问题是，经济持续增长的动力源泉并非高新技术。在"唯 GDP 论"的政绩考核机制下，各地区通过降低环境规制水平，引入"高投入、高污染"的粗放型生产企业，快速拉动经济发展，与此相伴的是较为严重的能源消耗和环境恶化。《2020 中国生态环境状况公报》显示，中国有 40.1% 的地级及以上城市环境空气质量超标，全国水土流失面积达到 271.08 万平方千米，31.1% 的县域面积生态质量处于较差与差水平。与此同时，环境污染治理投资额逐渐增加，从 2000 年的 234.8 亿元增加到 2019 年的 615.2 亿元，环境污染已经开始反噬中国经济。为此，党的二十大报告明确指出"中国式现代化是人与自然和谐共生的现代化""必须牢固树立和践行绿水青山就是金山银山的理念""加快发展方式绿色转型"等，为进一步推进节能环保型社会建设、中国经济高质量发展及中国式现代化的实现指明了方向。

1

在众多环境污染物中，能够造成全球气温上升的二氧化碳受到前所未有的关注。环境经济学研究证实，全球变暖可能成为人类面临的最为严峻的挑战之一，由此引发的冰川融化、土地沙漠化及缺氧等将成为人类生存面临的较大威胁。因此，降低传统能源消耗与碳排放成为世界各国的共同责任。作为世界上最大的二氧化碳排放来源国，2020年，中国二氧化碳排放量占全球总排放量的30.93%，达到9893.5百万吨。作为积极承担国际义务的大国，中国在面临巨大减排压力的同时主动参与到全球减排活动中。在国际上，中国在2009年的哥本哈根气候大会上，承诺2020年单位GDP的碳排放较2005年下降40%~45%；在2015年巴黎世界气候大会上，承诺2030年非化石能源消费比重达到20%左右。在2020年9月的联合国大会上，习近平主席向世界做出庄严承诺：中国力争于2030年前实现碳达峰、2060年前实现碳中和。在国内，中国政府相继发布《关于深化生态保护补偿制度改革的意见》《碳排放权交易管理办法（试行）》《国务院关于加快建立健全绿色低碳循环发展经济体系的指导意见》等文件。由此，中国开始推行包括建立低碳城市试点和碳排放权交易市场等在内的各项二氧化碳减排政策。

然而，一个现实问题是，中国仍处于发展中国家行列，2019年，中国大陆人均GDP仅位列全球第69；2020年最少，20%人群月均收入为656元，远低于世界主要发达国家。因此，发展仍是当前中国最重要的关注点。面对经济发展与碳减排的两难困境，转变经济发展方式与提升碳排放绩效成为解决困境的最优选择，也是最节省成本的方式之一。为此，习近平总书记明确指出，"发展绿色低碳产业，健全资源环境要素市场化配置体系，加快节能降碳先进技术研发和推广应用，倡导绿色消费，推动形成绿色低碳的生产方式和生活方式"。现有研究认为，促进碳排放绩效提升，主要依赖于包括环境规制在内的政策干预，但碳排放绩效并非凭空产生的，而是需要附着于特定生产实体，工业企业作为碳排放的主要来源，势必成为碳绩效提升的重要力量，这意味着企业内部生产流程优化与跨部门协同成为关键，而这离不开技术的跨越式发展。

随着 2009 年美国"再工业化"战略的提出，德国、日本、韩国等国家相继发布自身制造业发展战略，至此，以机器人与人工智能为代表的智能生产要素成为国际关注的焦点，以期通过智能生产与智能制造重塑国际竞争格局。2015 年，《中国制造 2025》将智能制造作为主攻方向，推进制造过程智能化。此后，中国机器人安装量出现跨越式增长。至 2017 年，中国机器人总安装量已经超过 47 万台。作为一种通用型技术，智能化在通过岗位更替与岗位创造对传统生产方式和生产关系进行重构时，也会打破现有产业边界，实现不同产业与行业的深度融合并催生新模式和新业态。广泛应用的智能化要素必将对包括碳绩效在内的经济社会产生深远影响。通常而言，智能化生产能够更快地感应生产过程的需求，通过个性化、定制化的制造方式提升产品生产和销售效率，在降低能源消耗的过程中提升碳绩效。除此之外，工业智能化的应用，在改变自身生产模式的同时，也会通过原材料与产品向产业链上下游延伸，带动全产业链条的智能化改造，促进整个供应链体系碳排放绩效的提升。

工业智能化能否成为提升碳排放绩效的有力推手？这一作用效果是否受制于碳排放绩效的测度？工业智能化内部程度、阶段及维度差异下的作用效果是否相同？工业智能化对碳排放绩效的影响效果是否受制于城市个体特征？如果是，城市规模、区域位置、资源依赖属性显示出怎样的差异性作用？工业智能化通过何种路径作用于碳排放绩效？各种传导路径的效应大小及贡献度如何？外在环境会如何改变工业智能化对碳排放绩效的作用？人力资本水平、新型基础设施、市场化程度的影响效果如何？通过理论分析与实证检验对上述问题的解答，可以拓宽环境经济学的研究思路，为新一轮技术革命下促进碳排放绩效提升提供理论依据。

1.1.2 研究意义

（1）理论意义

波特假说指出，适度的环境规制能够带来生产效益的提升。因此，在面对能够同时实现经济增长与节能减排的碳绩效时，现有文献更多地认为政府干预引发的技术进步可能成为促进碳排放绩效提升的关键。然而，其忽视了环境库兹涅茨曲线指出的当经济发展到一定程度后，增长反而会带来污染排放的减少。那么，能够深刻改变生产流程与生活方式的工业智能化，是否已经成为降低碳排放与提升碳绩效的有效手段呢？对此，前沿文献鲜有研究，特别是缺乏从理论层面考察工业智能化对碳排放绩效的影响效应以及可能的作用路径。为此本书在对前沿文献梳理的基础上，从理论层面推导出工业智能化对碳排放绩效的影响方向，并探究其内在作用机理，丰富了工业智能化研究的理论基础，为进一步考察碳排放绩效提供了新的可借鉴的分析方法。

（2）实践意义

面对日益严格的环保要求，碳排放绩效成为决定当前及今后一段时间我国经济能否持续健康发展的关键。与此同时，以智能化为代表的新型工业形式获得了世界各国的竞相支持。众所周知，工业智能化引发的岗位更替与岗位创造效应会导致产业发展体系变革，那么企业生产流程的变化是否会引发碳排放绩效的改善，也就是说，工业智能化能否成为破除两难困境的良药呢？对这一问题的讨论是本书最重要的意义。为此，本书在城市面板数据的基础上，探讨碳排放绩效及工业智能化的演变特征、工业智能化对碳排放绩效的作用方向及作用路径、异质性工业智能化及城市个体特征下的作用差异、工业智能化对碳排放绩效影响的外在条件等问题，为企业智能化转型及政府部门制定政策提供具有可操作性的建议。总体来看，本书实证检验既弥补了传统文献仅从劳动力市场或生产率提升等领域研究工业智能化的不足，又为借助现代信息技术提升碳排放绩效提供了新的研究思路。

1.2 研究内容与研究思路

1.2.1 研究内容

本书旨在探究中国工业智能化如何影响碳排放绩效，在梳理碳排放绩效与工业智能化相关前沿文献的基础上，基于城市数据多角度、多维度测算碳排放绩效和工业智能化指数，借助计量软件从时间与空间视角演化动态变动趋势，探寻碳排放绩效和工业智能化的时空特征与演变规律，实证分析工业智能化与碳排放绩效的关系，挖掘工业智能化差异及城市个体特征的异质性作用效果，考察工业智能化对碳排放绩效的传导路径及外部环境的干预效应，为促进经济健康发展与改善环境质量提供政策建议。基于此，本书内容共分为七章，具体研究内容如下。

第1章为绪论。本书结合工业智能化影响碳排放绩效这一主题，论述工业智能化影响碳排放绩效的研究背景与研究意义，总结研究内容与研究思路，介绍研究方法及创新之处。

第2章为文献综述。从碳排放绩效、工业智能化、工业智能化对碳排放绩效影响三个方面对文献进行系统梳理。具体而言，一是环境绩效与碳排放绩效的测算方式和碳排放绩效的影响因素；二是工业智能化的构建方法与经济社会效益；三是工业智能化对碳排放绩效的影响。通过对文献的系统梳理与归纳总结，明晰前沿文献研究现状及不足，确定研究视角。

第3章为工业智能化与碳排放绩效的测度及演化特征。基于劳动、资本、能源、GDP、二氧化碳排放量等指标从单要素碳排放绩效和全要素碳排放绩效多角度考察中国碳排放绩效的演变趋势，针对不同经济区与城市个体，借助表格、核密度图等，从纵向与横向分析碳排放绩效的演化差异。结合城市面板数据、机器人安装数据、天眼查微观企业数据、人工智能专利数据，从工业智能化基础、工业智能化能力、工业智能化效益等视角构建12个细分指标合成中国城市层面工业智能化指数，并探究智能化整体、区域、个体的时空分布趋势，总结碳排放绩效与工业智能化的演变规律。

第4章为工业智能化对碳排放绩效影响的效应分析。选取中国城市层面281个研究对象2003—2017年样本，从实证层面分类检验工业智能化对单要素碳排放绩效与全要素碳排放绩效的影响，深入分析工业智能化程度、工业智能化阶段、工业智能化维度差异的不同作用效果，引入城市个体特征，分样本考察小城市、中等城市、大城市、特大城市、超大城市等城市规模，东部沿海综合经济区、北部沿海综合经济区、南部沿海综合经济区、长江中游综合经济区、黄河中游综合经济区、大西北综合经济区、大西南综合经济区、东北综合经济区 8 个经济区，资源型城市与非资源型城市及成长型城市、成熟型城市、衰退型城市、再生型城市等资源属性差异下工业智能化对碳排放绩效的异质性作用效果。

第 5 章为工业智能化对碳排放绩效影响的传导路径分析。基于中介效应模型，在构建产业结构升级、要素优化配置及技术进步的传导效应测算指标基础上，检验工业智能化对单要素碳排放绩效及全要素碳排放绩效的传导路径，并分类考察各中介效应的大小及贡献度。

第 6 章为外部环境的干预效应分析。结合前沿文献，在精准度量人力资本水平、新型基础设施与市场化程度的基础上，选择调节效应模型从人力资本、物质资本、社会环境三个方面，探究人力资本水平、新型基础设施与市场化程度影响下，工业智能化对碳排放绩效的作用效果是否发生变化以及发生何种变化。

第 7 章为主要结论与政策建议。简要概括本书的研究结论，为实现经济绿色低碳发展提供具有可操作性的政策建议。

1.2.2　研究思路

本书基于发展经济学与环境经济学基本理论框架，系统梳理碳排放绩效和工业智能化相关文献，基于城市样本数据从不同角度构建和测度碳排放绩效与工业智能化指数，借助计量模型定量考察工业智能化对碳排放绩效的作用效果，分析工业智能化程度、阶段、维度与城市规模、区位、资源属性等个体特征的异质性作用，研究产业结构升级、要素优化配置及技术进步的传导效应与贡献度，引入外生变量探究"人 – 物 – 环境"等外在条件影响下工业智能化的作用差异，提出以工业智能化助推环境质量改善与碳排放绩效提升的政策建议，研究思路如图 1 – 1 所示。

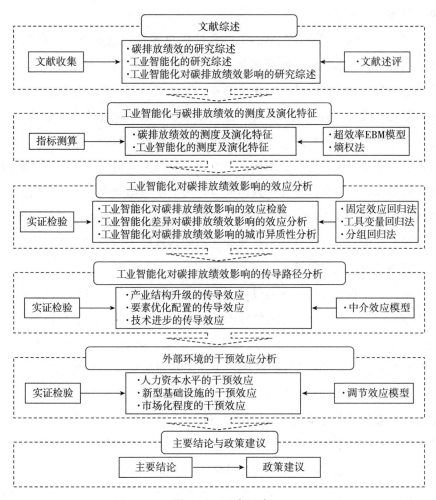

图 1-1 研究思路

1.3 研究方法与创新之处

1.3.1 研究方法

为了识别工业智能化对碳排放绩效的作用方向及传导路径,本书在现有研究的基础上从文献梳理、可视化分析和实证检验三个维度出发进行研究，具体方法如下。

第一，文献梳理法。在考察工业智能化与碳排放绩效的关系过程中，本书从三个方面收集整理前沿文献。一是碳排放绩效的文献综述，主要包含环境绩效与碳排放绩效的度量及测算、对外贸易与碳排放绩效、产业发展与碳排放绩效、城镇化水平与碳排放绩效、行政干预与碳排放绩效。二是工业智能化的文献综述，主要包含工业智能化的测算、工业智能化与经济增长、工业智能化与产业结构、工业智能化与劳动就业。三是工业智能化与碳排放绩效的文献综述。具体而言，从文献层面分类总结现有研究分别从何种维度研究工业智能化与碳排放绩效，为探究二者关系寻求文献支撑，同时筛选出何种因素在工业智能化对碳排放绩效影响中发挥作用，确保研究的创新性与可靠性。

第二，可视化分析。在通过城市面板数据与超效率 EBM 模型测算单要素碳排放绩效和全要素碳排放绩效的基础上，通过折线图与表格从时间维度演绎中国整体及八大经济区碳排放绩效变动的趋势，采用 Stata 和 Arc-GIS 等软件绘制核密度图分析区域及个体间碳排放绩效的演变差异。借鉴孙早和侯玉琳（2019）的思路，从工业智能化基础、工业智能化能力、工业智能化效益等角度构建城市层面工业智能化指标体系；在采用熵权法确定各指标权重的基础上，通过图形考察中国整体工业智能化及各维度演化趋势，并基于核密度图考察八大经济区工业智能化的内部差异。

第三，实证检验法。首先，在整理面板数据的基础上，采用城市时间双固定模型与两阶段最小二乘法（2SLS）并借助 Stata 等计量工具软件考察工业智能化对碳排放绩效的影响，同时深入城市内部，基于分样本回归法分类检验工业智能化程度、阶段与维度和城市规模、区域位置、资源属性下的作用差异；其次，基于三步骤中介效应模型定量检验产业结构升级、要素优化配置、技术进步效应的中介作用，并识别各中介效应的大小及其贡献度；最后，引入人力资本水平、新型基础设施、市场化程度等智能化发展依赖的重要因素，从"人-物-环境"三个维度考察外部环境如何影响工业智能化对碳排放绩效的作用效果。

1.3.2 研究创新

与现有文献关于工业智能化和碳排放绩效的研究相比，本书的创新主要体现在研究视角的创新、方法应用的创新和研究内容的创新三个方面，具体内容如下。

第一，研究视角的创新。综观现有文献，对于工业智能化的研究更多地聚焦于劳动就业、收入差距、全要素生产率等，而忽视了工业智能化作为一种新型工业化形式，也可能如工业化一样对环境产生不容忽视的影响。特别是近年来，随着全球气温的不断攀升，实现二氧化碳减排已成为全人类共识。在第七十五届联合国大会上，中国庄严向世界承诺，力争于2030年前实现碳达峰、2060年前实现碳中和，至此，碳排放与碳绩效问题成为新的研究热点。作为新一轮技术革命的起点，智能化与工业化融合是否有助于减少碳排放和提升碳绩效显得尤为重要。为此，本书从工业智能化出发，从定性与定量的角度考察工业智能化对碳排放绩效的影响，以期为从政策层面推动工业智能化与节能减排协调发展提供经验支撑。

第二，方法应用的创新。基于单要素与全要素双重视角刻画碳排放绩效，摆脱现有文献仅从结果或者过程出发的单一测算方式，特别是创新性地选取同时包含径向与非径向的超效率EBM模型测算全要素碳排放绩效，克服了由模型选取偏误引发的度量误差问题。在从工业智能化基础、工业智能化能力、工业智能化效益多角度构建指标体系的基础上，基于网络爬虫等收集天眼查微观企业数据、人工智能专利数据、机器人联盟数据、城市层面数据，采用熵权法首次在城市层面合成工业智能化指数，弥补了样本数据缺失无法在城市层面测度工业智能化的缺陷，为深入考察工业智能化的经济社会效益提供了数据支撑。

第三，研究内容的创新。就本书所及，尚未有大量文献涉及工业智能化引发的环境后果及其如何影响碳排放绩效。本书基于理论分析与城市层面样本数据，多角度考察工业智能化与碳排放绩效的关系，并深入工业智能化内部，分类检验工业智能化程度、工业智能化阶段、工业智能化维度下碳排放绩效的效果，考察城市个体特征如城市规模、区域位置、资源属性差异下工业智能化的异质性影响。选取中介效应模型从产业结构升级、要素优化配置、技术进步效应等角度探究工业智能化的作用路径，并评估各传导路径的贡献度。在此基础上，从"人－物－环境"等外部条件出发，识别外部环境如何影响工业智能化对碳排放绩效的作用效果。

第2章　文献综述

新一轮技术革命的广泛兴起，在助推信息化、智能化和工业化融合发展的同时，势必会引发企业生产流程的优化与地区产业结构的变迁。特别是，工业智能化的环保偏向，将会在一定程度上影响区域碳排放及碳绩效。因此，在通过实证检验考察工业智能化与碳排放绩效关系前，应充分梳理现有文献，以全方位把握前沿研究的基础、现状与重难点。为此本章对相关文献进行梳理，试图回答以下几个问题。一是包括碳排放绩效在内的环境绩效是如何测度的，不同测度方法之间存在哪些共性和个性？二是何种因素会影响碳排放绩效，同一因素对碳排放绩效的作用方向是否表现出一致性？三是工业智能化如何测度，何种测度方法更为精准？四是工业智能化的经济社会效应如何，如何影响劳动就业、居民收入、环境污染等？基于上述问题，本章从碳排放绩效的测算、碳排放绩效的影响因素、工业智能化的测算、工业智能化的经济社会效益、工业智能化对碳排放绩效的影响等方面对文献进行归纳与总结，并探寻前沿文献的优点及不足之处，以期为本书接下来的现状分析与实证检验提供经验支撑。

2.1 碳排放绩效的研究综述

2.1.1 碳排放绩效的测算

（1）环境绩效的测算

自工业革命以来，化石燃料的大量使用在带来经济发展与技术进步的同时引发了较为严重的环境污染（Zheng and Kahn，2017），温室效应、酸雨、雾霾等极端天气与自然灾害的频繁出现使环境问题成为社会关注的焦点（Ioannis et al.，2016），人们开始重新思考传统粗放型经济发展模式的可持续性。然而，一个不容忽视的问题是，当前包括中国在内的大多数国家仍处于发展中国家行列，其首要目标仍是提升居民生活水平，因此，在短期内化石燃料成为较多国家的首要选择。面对经济增长与环境保护的两难困境，如何在减少环境污染的前提下实现地区经济发展与居民生活的改善成为现有研究的热点。前沿文献指出，减少单位产出的环境污染，即提升环境绩效，可能成为破解难题的关键。然而，精准度量环境绩效存在较大困难（Ilinitch et al.，1998），因此，对于如何更好地测算环境绩效，现有研究并未达成共识，且在微观企业层面与中观地区层面差异明显。

在微观企业层面，唐国平和万仁新（2019）认为，环境绩效是企业污染治理的结果，基于企业社会责任报告、年度报告和环境报告等收集企业污染排放与环保奖励相关信息并进行人为赋分表征环境绩效。其中，污染排放合格的企业环境绩效赋值 1 分，环保情况处于全行业前列但是未获得任何奖励的企业环境绩效赋值 2 分，环境保护与污染排放优良且得到环保奖励的企业环境绩效赋值 3 分。该方法更多是基于企业获取的荣誉和奖励间接表征环境绩效，具有较强的主观性，且这种通过主观赋值与自主构建评价体系的测度方式具有较大的随机性，不利于统一标准的建立与比较（潘红波、饶晓琼，2019），因此更多文献开始寻求从客观数据出发度量环境绩效，其中，最具代表性的就是选取企业实际污染排放数据进行表征

（Clarkson et al.，2008）。例如，Clarkson 等（2011）在考察澳大利亚公司环境绩效关系时，基于国家污染物名录获取的企业污染排放数据表征环境绩效；沈洪涛和周艳坤（2017）从排污量与排污浓度两个维度表征环境绩效，其中，排污量选取排污费用表征，排污浓度选取废水与废气两种污染物排放浓度表征。

通常来说，污染排放与企业收益存在某种内在关联，但单纯通过排污量等指标表征环境绩效仍普遍忽视了企业生产过程。为此，更多学者开始从污染和收益两个方面出发寻求更客观、更精准的度量指标。例如，Alam 等（2019）在考察 G-6 国家的企业环境排放绩效时，选取能源排放强度与碳排放强度表征，即单位销售营业额的能源消费与碳排放量。但苏丹妮和盛斌（2021）认为，在分析中国企业样本数据时，应考虑中国的能源消费现实情况，即以煤炭为主的能源结构使我国成为世界上二氧化硫排放较多的国家，二氧化硫也成为我国政府重点关注的污染排放物，因此，选取企业二氧化硫排放强度即二氧化硫排放量与产出的比值表征企业环境绩效更可靠。至此，以能源消耗、污染排放与产出比值表征的强度成为度量企业环境绩效的有益尝试，且得到了较多学者的认同（Wan and Lee，2020；刘啟仁、陈恬，2020）。

然而，正如于连超等（2020）指出的，多数企业并未直接公布包含二氧化碳与二氧化硫在内的污染排放量，学者通过不同方法测算的污染排放量存在较大差异，容易造成实证结果偏差，而排污费的征收对象为企业各种污染排放量，能够全面地反映企业生产过程中对环境的损害（张兆国等，2020），为此排污费逐渐替代污染排放量成为测量环境绩效的重要指标。周晖和邓舒（2017）在选取企业营业收入与排污费用的基础上，借鉴生态效益的测算过程，采用企业营业收入与排污费用的比值表示环境绩效。总体来看，在企业层面对环境绩效的测度主要有两个维度：一是基于企业污染排放量或者环保荣誉量间接表征环境绩效；二是同时将污染与收益引入，选取污染收益比或者收入排污费用比直接度量环境绩效。

在中观区域层面，较传统的环境绩效测算方法为生命周期核算法。例如，Akinyele 和 Rayudu（2016）在考察发展中国家太阳能光伏发电的环境影响时，以尼日利亚一个小社区作为研究对象，从生命周期成本和生命周期影响两个方面出发，系统分析太阳能光伏的全周期成本与收益，并在与柴油动力系统做对比的基础上考察环境绩效。然而，传统的生命周期核算法苛刻的数据要求和污染物权重选择的随机性，容易造成区域间与区域内环境绩效的不可比（Zhou et al.，2006）。为此，以污染排放及其强度为代表的测算方法开始盛行（Thomakos and Alexopoulos，2016）。例如，杨柳青青（2020）在考察省域间边界环境绩效时指出，边界地区面临的管理混乱与行政盲区使得生态环境更加恶化，因此选取边界县的平均水质变化情况表征边界环境绩效；Wang 和 Wang（2019）在分析中国城市层面工业集聚对环境绩效的影响时，分别选取二氧化硫排放强度与烟尘排放强度表征环境绩效；李凯杰等（2020）指出，污染物的排放量可以反向表示环境绩效，因此分别选取二氧化碳排放量、氮氧化物排放量、烟尘排放量、二氧化硫排放量、化学需氧量与生产总值增加值之比表征环境绩效。

有文献指出，仅使用污染物或污染强度度量环境绩效较为简单，忽视了环境绩效变化的内部动因（唐李伟等，2015），为此其在 Kuosmanen 和 Kortelainen（2005）、Kortelainen（2008）采用 DEA 模型测算环境绩效的基础上，选取非径向 MBL–DEA 模型，并基于地区工业增加值和二氧化碳、二氧化硫、工业烟粉尘排放量测算各地区工业环境绩效。随后，国内外较多学者开始在 DEA 的框架下通过分类选取投入要素、期望产出与非期望产出计算环境绩效。例如，Gavurova 等（2018）在测算经济合作与发展组织成员国（OECD）间环境绩效时，以能源作为投入，生产总值作为期望产出，二氧化碳、二氧化硫和碳氮氧化物作为非期望产出，选取能够同时包含非径向与非定向的 SBM 模型测算；兰宜生和徐小锋（2019）选取劳动、资本与能源作为生产要素投入，生产总值和固体废物、二氧化硫、化学含氧量等污染物分别作为期望产出与非期望产出，基于能够涵盖非期望产出的 SBM 模型测算各省份环境绩效；Matsumoto 等（2020）在 DEA 模型的基础上以劳动力、资本和能源为投入变量，GDP、二氧化碳排放量、颗粒污染物排放量及固体废物排放量作为产出变量测算 27 个欧盟国家 2000—2017 年的环境绩效。综上所述，基于污染强度的单要素环境绩效与基于非期望产出的全要素环境绩效成为区域层面度量环境绩效的重要方式。通常而言，单要素环境绩效更注重从结果角度出发，而全要素环境绩效更关注全生产流程，因此，二者可以互相补充与互相佐证，均成为度量环境绩效的重要方式。

（2）碳排放绩效的测算

自《京都议定书》签订之后，与全球变暖息息相关的二氧化碳（Liu et al.，2019）逐渐成为研究环境问题关注的热点，面对不断升高的全球气温和亟待发展经济的双重压力，提升二氧化碳排放绩效成为当下的最优路径（Lin and Du，2015）。二氧化碳排放绩效又称"碳排放绩效""碳绩效""碳效率"等，作为环境绩效的一个细分体系，主要用来考察在日常生产活动中排放的二氧化碳带来的经济收益，通常而言，碳排放绩效越高代表单位产出中碳排放量越少。对于如何精准度量碳绩效，当前学界并未达成共识，不同学者从多样化的维度构建碳排放绩效指标。然而，与环境绩效相似，在企业层面，地区层面碳排放绩效由于数据获取的难易程度不同，度量方法与测算方式均存在较大差异。在企业层面，碳排放绩效的主要测度方法有三个。

一是选取企业获得的环保奖励从主观上进行赋值或者基于现成的指标评价体系测算表征。例如，周志方等（2017）在以英国富时 350 企业作为研究对象考察碳绩效与财务绩效关系时，选取企业碳绩效评分表征碳排放绩效。具体而言，首先选取 CDP 报告中企业 CPLI 分数，将等级 A、A－、B 等分别转化为 85 分、80 分与 75 分等对应分数表示碳绩效评分。李力等（2019）在考察重污染行业企业碳排放绩效对企业股权融资成本的影响时，采用企业是否获得环保奖励与荣誉表征碳排放绩效，即如果企业获得政府在碳排放方面颁发的奖励表明该企业获得政府的环保认可，则认为该企业碳排放绩效较好，且赋值为 1；如果企业没有获得政府在碳排放方面的认可或者奖励，则认为该企业碳排放绩效较差，且赋值为 0。Velte（2021）

在考察欧洲资本市场上市公司碳排放绩效时，基于 ESG 评分体系，从中选取有关减排、创新、资源利用等不同维度方面的评分，通过加权等方式计算碳排放绩效。

二是选取企业在生产经营过程中排放的二氧化碳量、二氧化碳排放量与产出的比值或者其倒数表征。例如，Haque 和 Faizul（2017）在检验英国非金融公司董事会特征、薪酬政策与碳排放绩效关系时，参考 Luo 等（2013）思路选取二氧化碳排放量的对数作为度量碳排放绩效的一种维度。但有学者指出，碳排放绩效是指二氧化碳生产过程中的有益产出和二氧化碳之比，通常意义上说，应采用企业收益和其相对应的二氧化碳排放量的比值表征，而非简单选取污染排放量表征（Perkins and Nenmayer，2012）。因此，文献开始引入企业营业收入、净资产、利润等，从期望收益与非期望收益两个方面探寻碳排放绩效的表征方式（Clarkson et al.，2011）。如 Rokhmawati 等（2017）在探究印度尼西亚上市公司碳排放绩效对财务绩效的影响时，选取二氧化碳排放量与净资产的比值表征的二氧化碳排放强度作为碳排放绩效的衡量指标；闫华红等（2019）在考察制造业企业碳排放绩效对财务绩效的作用时，采用单位碳排放量的营业收入额作为碳排放绩效的代理变量，但是由于微观层面碳排放数据获取存在难度，其基于行业碳排放量以企业营业成本占行业主营业务成本为权重估算企业碳排放，近似求得企业碳排放绩效。

三是从企业层面选取合适的投入要素与产出要素，基于 DEA 或其他方法进行测算。例如，周志方等（2019）通过构建企业碳排放绩效体系并设置相关问题，基于企业年度报告、环境影响年度报告、国家知识产权局网站等获得相关企业问卷数据，且采取层次分析法等多指标模型构建并测算企业碳绩效；张亚连和刘巧（2020）选取能源消费、科研人员与专用人员、环保资金、专用设备等作为投入变量，经济效益与环境效益作为产出变量，从投入与产出两个方面构建并测算不同类型企业碳绩效。综合来看，微观层面对碳排放绩效的度量更多仍是从企业获得的环保奖励或者现有评分体系等角度进行考察。与此同时，随着越来越多的企业开始公布社会责任与绿色发展报告，企业污染排放数据已能够获取，因此，从二氧化碳排放强度出发表征碳排放绩效逐渐盛行。

在地区层面，由于二氧化碳排放数据和经济发展数据获取的便利性，多数文献直接基于污染与收益角度进行测算，但是不同度量方法之间仍存在较大差异。具体而言，大量文献基于单要素指标，通常直接采用经济产出与碳排放的比值或其倒数表示碳排放绩效。例如，为评估不同国家在同时实现经济增长与环境保护方面的成就，Kaya 和 Yokobori（1999）提出以生产总值和二氧化碳排放量的比率表征碳生产率。从现有研究来看，这一测算方式在国内外文献研究中取得广泛共识（Sun，2005；周杰琦、汪同三，2017）。例如，Ekins 等（2012）在分析欧盟环境税改革的影响时，选取单位二氧化碳的产值（GDP/二氧化碳排放量）表征碳生产率；而周迪等（2019）直接选取碳排放强度的对数值表征城市碳排放绩效。由上可知，单一要素指标通常直接采用经济产出与碳排放的比值表示碳绩效，对数据要求较低，具有较强的操作性。然而，二氧化碳排放是一个涵盖企业全流程生产的复杂过程，在生产过程中既需要大量的劳动、资本等常规生产要素，也需要消耗一定量的能源，与此相对应的是，产出既有期望收益，也有包括二氧化碳在内的非期望产出。为此，仅依靠生产总值和二氧化碳排放量的比率可能无法精准表示碳排放绩效，而采取包含生产要素与产出指标的全要素方法测算碳排放绩效就显得尤为必要（Zhang and Choi，2013）。

至此，大量文献开始基于 DEA 模型等方法测算碳排放绩效。例如，Zaim 和 Taskin（2000）在考察 OECD 成员国二氧化碳排放的环境绩效时，选取总就业人数与资本存量作为生产过程中的要素投入，GDP 和二氧化碳排放量分别作为期望产出与非期望产出，基于非参数估计方法测算各国碳排放绩效；王惠等（2016）借鉴 Zhou 等（2019）的研究认为，碳排放效率应该是单位二氧化碳的实际产出和最优产出的比值，因此，将 R&D 资本存量、R&D 人员全时当量和能源强度作为投入指标，新产品工业总产值、发明专利申请数和二氧化碳排放量分别作为合意产出与非合意产出，选取 SBM 模型测算各地区碳排放效率。由上可知，尽管对从全要素视角测算碳排放绩效达成了共识，但是选取何种投入要素仍存在明显差异。随着研究的逐渐深入，学界普遍认为劳动与资本作为生产生活的关键变量，理应成为必不可少的投入要素，且二氧化碳产生的根本原因在于化石燃料的大量使用，因此，将能源引入投入要素也显得尤为必要（Ramanathan，2002；Du et al.，2014）；对于产出要素，现有文献已基本取得共识，即应同时包含期望产出生产总值与非期望产出二氧化碳排放量（Shen et al.，2018）。具体来看，Lin 和 Xu（2018）基于 2001—2016 年中国工业统计数据，选取三种投入要素（劳动力、资本存量和能源消耗量）和两种产出要素（工业总产值、二氧化碳排放量），基于谢泼德碳排放距离函数测算冶金行业碳排放绩效并考察可能存在的区域差异及其成因；于向宇等（2021）在以劳动、资本与能源作为要素投入，生产总值作为合意产出，二氧化碳作为非合意产出的基础上，选取能够考虑松弛变量且克服最优效率值为 1 的缺陷的 SE－SBM 模型测算碳排放绩效；Xu 等（2021）选取劳动力、资本与能源作为要素投入，实际 GDP 与二氧化碳排放量分别作为合意产出与非合意产出，选取能够解决非径向与非角度问题的 DEA 模型进行测算。

由上可知，地区层面碳排放绩效的测算方式有两种：一是直接基于二氧化碳排放量与生产总值的比值表示；二是在精准选取投入要素、产出要素的基础上选取 DEA 模型或其他方式进行测算。从现有文献来看，这两种方法虽具有不同的侧重点，但均具有一定的代表性。

2.1.2 碳排放绩效的影响因素研究

（1）对外贸易与碳排放绩效

自 20 世纪 70 年代以来，随着国际贸易的广泛发展与环保意识的逐渐觉醒，贸易如何影响环境成为学界研究的重点。特别是，随着环境库兹涅茨曲线、污染天堂说、污染光环说等有关假说的提出，国际贸易与环境经济学界之间的争议达到高潮。综观现有文献，对外贸易对环境的影响研究结论可归结为三类——对外贸易有助于环境改善（贸易有益论）、对外贸易不利于环境改善（贸易有害论）和对外贸易对环境产生差异性作用（贸易不确定论），这意味着作为环境领域细分的碳排放也将遵从这三种结论。

贸易有益论认为，贸易开放并不是区域污染或者碳排放增加的根源，反而可能成为提升碳排放绩效与环境绩效的有力手段，采取过度的区域保护与市场封锁可能无助于包括碳排放在内的污染排放的减少。Richter 和 Schiersch（2017）基于德国企业层面样本数据，以碳排放强度的倒数表征碳排放绩效，实证检验企业出口强度如何影响碳排放绩效。结果显示，对于德国制造业企业来说，出口强度能够显著提升碳排放绩效。李锴和齐绍洲（2018）为了验证贸易开放与碳排放绩效的关系，基于 1999—2014 年数据将省级样本分为贸易相对封闭区和贸易开放区，采用反事实方法与倾向匹配模型考察贸易相对封闭区和贸易开放区全要素碳排放绩效的差异。实证结果显示，贸易相对封闭区和贸易开放区全要素碳排放绩效差异明显，相对来说，贸易开放区全要素碳排放绩效明显高出 0.692 ~ 1.009；而反事实研究发现，贸易开放区比自身假定封闭时碳排放绩效高 1.111 ~ 1.635，贸易封闭区比自身假定开放时碳排放绩效低 0.478 ~ 0.739，从而证实了贸易开放能够显著提升全要素碳排放绩效。Zhang 等（2018）指出，作为能够同时实现减排目标和经济目标的重要手段，碳生产率的提升已成为当前以及今后一段时间的热点，其主要从对外贸易的角度出发，基于 2000—2014 年省级面板数据考察碳生产率的变化。实证结果显示，对外贸易能够显著促进中国碳生产率的提升，在考察进出口异质性效应时显示，相对于出口而言，进口的碳生产率促进效应更明显。Li 和 Wang（2019）指出，碳生产率的提升可能成为实现经济发展和碳减排双赢的重要方法，在基于中国省级面板数据考察经济社会发展如何影响碳生产率时发现，无论是贸易开放还是外商直接投资，都有助于中国碳生产率的提升。

由上可知，对外贸易减少碳排放与提升碳排放绩效可能的原因有两个：一是对外贸易能够为发展中国家带来先进的机器设备、管理经验和低碳技术（Mcausland，2008），企业通过模仿学习与技术引进等促进节能工艺的广泛使用和能源利用效率的提升（Al – Mulali et al.，2015），从而提升碳排放绩效；二是对外贸易引发的广阔市场与激烈国际竞争既为技术领先国家积累了一定的财富，又给其带来了巨大的社会责任压力，迫使其不断通过技术研发与设备更新提升生产效率和履行社会责任，有助于碳排放的减少与碳绩效的提升。

贸易有害论认为，不断扩大的贸易开放在增加产品需求和促进经济增长的同时，必然引发环境污染的加剧与环境质量的恶化，特别是，对于经济发展水平较低的国家来说，市场竞争的存在迫使相关企业把削减环保投入作为降低生产成本的有效手段（Farhani et al.，2015；Islam et al.，2016），由此引发的粗放型经济发展模式势必在促进碳排放增加的同时降低碳排放绩效，且这一结论得到了较多文献支撑（Guo and Liu，2011）。例如，Lin 和 Xu（2019）在以中国和俄罗斯两国间对外贸易为研究对象验证污染避难所假说时，发现中国对俄罗斯出口贸易的增加将显著提升中国碳排放规模；邵桂兰等（2019）选取 15 个发达国家、15 个发展中国家和 6 个最不发达国家 1996—2014 年的样本检验出口产品结构与碳生产率的关系，实证结果显示，技术密集型产品出口抑制了出口国碳生产率的提升，经济发展与技术水平在产品出口和碳生产率中发挥门槛效应，即当经济发展和技术水平达到一定程度时，技术密集型产品出口对碳生产率的抑制作用会增强；刘啟仁和陈恬（2020）从微观企业角度研究发现，出口行为并没有促使碳排放强度降低反而提升了企业二氧化碳排放强度，且碳排放强度与企业出口密度完全正相关，进一步研究发现，出口企业普遍存在较低的生产率与利润率，可能成为制约企业技术创新与低碳发展的重要原因。上述文献均从某一维度或者某一角度证实了污染避难所假说的成立，那么对外贸易增加碳排放与降低碳排放绩效的根本原因是什么呢？或者说，污染避难所假说的成立是否存在一定的诱因呢？逐底竞争假说（Chakraborty and Mukhe，2013）给出了答案，即在激烈的市场竞争面前，为了通过对外贸易提升民生福祉，不发达国家更倾向于降低环保要求实施较为宽松的环境规制（Esty and Dua，1997），而这必将导致企业减少研发投入，甚至是模仿学习与技术引进，更倾向于采用粗糙的生产工艺，造成环境质量的恶化与碳排放绩效的降低。

贸易不确定论指出，对外贸易能否通过低碳技术溢出发挥作用，往往要依赖贸易国间的环境规制、产业结构与经济发展水平等外生变量（Perkins and Nenmayer，2012），这也意味着不同的经济与制度环境将成为影响对外贸易和碳排放及其绩效的关键因素，因此对外贸易能否影响碳排放绩效以及如何影响碳排放绩效均可能与特定国情或区域差异有关。例如，Knight 和 Schor（2014）选取 1991—2008 年跨国面板数据研究显示，对外贸易能够显著影响二氧化碳排放，但进口与出口呈现不同的作用效果，其中，出口有助于减少二氧化碳排放，而进口增加了二氧化碳排放。Kim 等（2018）基于国际样本数据分类检验不同类型合作的碳排放效应，结果显示，南南合作和北北合作均减少了合作双方的碳排放量，而南北合作显示了明显差异，其中，发达国家碳排放量减少，发展中国家碳排放量明显增加。王惠等（2016）采用非参数 Kernel 密度估计方法研究发现，出口贸易的本地效应与邻地效应结果完全相反，这虽有助于促进本地区工业碳排放绩效的提升，却显著抑制了邻地工业碳排放绩效的改善。谢波和李松月（2018）基于中国西部省份面板数据，考察贸易开放如何影响西部地区制造业的碳排放绩效，在以进出口总额表征贸易开放与以 SBM 模型测算碳排放绩效的基础上，通过实证检验发现，贸易开放能够显著提升西部地区制造业的碳排放绩效。再进一步细分进口依存度与出口依存度发现二者作用迥异，其中，进口依存度能够促进碳排放绩效，而出口依存度不利于碳排放绩效的改善。与此同时，东部、中部、西部地区之间也存在着明显的空间效果差异，即外商直接投资对碳生产率的影响呈现出"东—中—西"逐渐减少的演变趋势。宋文飞（2021）采用双边随机前沿模型，以 2006—2017 年 30 个省份面板数据为样本，探究外商直接投资的碳生产率效应。结果显示，外商直接投资对碳生产率表现出双向效应，即外商直接投资能促进碳生产率提升 0.1243，也能降低碳生产率 0.0345，但总体呈现正向促进作用。与此同时，外商直接投资对碳生产率的影响呈现明显的时间与空间差异，从时间上看，2006—2010 年和 2013—2017 年外商直接投资对碳生产率表现出负向影响，而 2011—2013 年表现出明显的促进作用；从空间上看，外商直接投资对碳生产率的驱动效应在东部地区更加强烈。

（2）产业发展与碳排放绩效

面对粗放型经济发展带来的环境损害和过度污染，前沿文献均指出，技术进步与产业协调促进环境绩效的提升可能成为破解环境难题的有效手段，然而，对于大多数发展中国家来说，最终均要落实于产业发展上。通常来说，要想降低环境污染与提升环境绩效，无外乎推动产业结构升级和进行产业转移，即在严格的环境规制下粗放型生产企业面临整体升级改造或者迁移到环境规制标准较低地方的处境。那么作为产业结构的两种不同表现形式，它们会如何影响碳排放绩效呢？本部分从产业结构升级与产业转移两个维度出发，梳理现有文献，以考察对碳排放绩效影响可能存在的差异性效果。

产业结构升级是产业发展的纵向形式，是指产业结构从低级发展形式向高级发展形式转变的过程，通常有产业结构高级化与产业结构合理化两种表现形式（Fu et al.，2016）。其中，产业结构高级化，是指由第一产业逐渐向第二产业发展进而向第三产业发展的过程；产业结构合理化，是指不同产业间及产业内的相互协调程度。对于产业结构升级如何影响碳排放及其绩效，现有文献从不同角度进行了检验。例如，孙攀等（2018）基于空间视角研究发现，不仅产业结构高级化与产业结构合理化能够降低本地区的碳排放水平，空间溢出效应的存在也使邻近区域碳排放减少，且这种作用存在典型的异质性，即相较而言产业结构高级化的碳排放减少效应更大；Wang 等（2019）在基于 2003—2016 年省级面板数据和 Tobit 模型实证检验自然资源丰裕度对碳排放绩效的影响过程中，引入产业结构高级化和产业结构合理化作为中介变量，以检验自然资源丰裕度如何影响碳排放绩效，结果显示，产业结构优化能够显著提升碳排放绩效。

然而，并非所有文献均支持产业结构升级能够促进碳减排与提升碳绩效。例如，Li 等（2019）基于 2003—2014 年省级样本数据的研究就证实，制造业结构合理化对二氧化碳排放产生负向影响，且地区资源丰裕度对该效应产生一定的制约作用。当然，更多文献指出，产业结构升级与碳排放、碳绩效间存在复杂的多样性关系。例如，原媛等（2016）基于国际样本数据探究产业结构如何影响碳排放，结果显示，在经济发展过程中，碳排放表现出倒"U"形特征，即先增加后减少，而产业升级的碳减排效应存在明显的国别异质性，仅在中高等发达国家表现出对碳减排效率的正向影响；熊娜等（2021）从国际视角出发，基于 OECD 数据研究发现，东盟内部直接碳排放的增长已大幅降低，但是隐含性碳排放和控制型碳排放在不断增加，产业结构优化带来的集聚效应有助于碳排放的减少；原媛和周洁（2021）基于 2005—2017 年省级面板数据考察不同维度产业结构变迁对碳排放影响的研究发现，产业结构合理化与产业结构高级化的碳排放效果差异明显，其中，产业结构合理化抑制了碳排放的产生且具有负向溢出效应，而产业结构高级化表现出对碳排放的促进作用且具有正向溢出影响，更进一步通过对八大经济区的异质性检验发现，产业结构合理化有助于减少碳排放的产生，而产业结构高级化在发达地区与欠发达地区的作用截然不同，欠发达地区表现出促进效应，发达地区则显示出抑制作用。

产业转移是产业发展的横向形式，是指产业在不同国家或区域间变换地理位置的过程，是实现要素有效配置、推动产业合理健康发展的重要路径。从现实情境来看，"大国雁阵式"的产业转移模式已经成为缓解我国区域差距与实现共同富裕的有力推手。与此相对应的是，在"东—中—西"阶梯式的产业转移过程中，高能耗与高污染的化工、钢铁、水泥等粗加工企业占据多数，使中西部地区面临着要发展还是要环境的两难选择，为此探究产业转移过程中带来的环境问题尤为必要。现有文献基于不同样本与不同角度进行了考察，例如，Chen 等（2017）认为，工业企业的二氧化碳排放是城市污染的重要来源，产业转移势必会引发地区间碳排放的此消彼长，为此在珠三角城市群样本数据的基础上，探究产业转移造成的碳排放变化，并考察不同行业的差异。研究显示，地方产业结构势必会影响碳排放，欠发达城市接受了众多发达城市资本密集型产业的流入进而增加了整体碳排放，因此产业转移不仅会促进欠发达地区经济发展，也会提升碳排放强度。然而，也有文献证实了产业转移的积极作用，即能够提升整体的绿色经济效率（李晓阳等，2018），例如，孙慧和向仙虹（2021）从产业转移的视角出发，探究资源型产业转移如何影响碳生产率，以2001—2020年省级面板数据实证检验发现，资源型产业转移既能直接促进碳生产率的提升，又能通过技术溢出作用于碳生产率；而行业异质性的实证检验显示，采掘业和资源型制造业转移的碳生产率效应呈现出明显的非对等性，即相对于资源型制造业转移，采掘业转移对碳生产率的激励作用更强，且技术溢出在资源型制造业转移对碳生产率的影响中发挥更大的作用。

产业集聚作为产业转移的必然结果，拥有的正负外部性也会对区域环境产生重要影响。杨庆等（2021）采用行业面板数据实证检验2005—2015年高新技术集聚和碳生产率的关系。研究结果显示，高新技术产业集聚能够显著提升区域碳生产率，其中，知识溢出效应、规模经济效应与生产率效应发挥中介作用。进一步地，区域与行业异质性结果显示，相较于其他地区和行业，东部地区与计算机及办公设备制造业集聚的知识溢出效应更有助于碳生产率的提高。Liu 和 Zhang（2021）基于1998—2017年省级面板数据和空间杜宾模型考察产业集聚如何影响碳生产率。实证结果显示，产业集聚与碳生产率间呈倒"U"形关系，即随着产业集聚程度的不断加深，碳生产率先增加后减少。进一步地，基于行业、区域与集聚类型的异质性分析显示，相较于劳动密集型和能源密集型集聚而言，资本密集型与技术密集型集聚带来的碳生产率提升效应更大，东部、西部和东北地区的产业集聚有助于减少二氧化碳排放，多元化集聚相对于专业化集聚来说更能提升碳生产率。李琳和赵桁（2021）在基于耦联评价模型测算2003—2017年省级产业融合度的基础上，实证检验产业集聚引发的制造业和生产性服务业融合如何改变区域碳排放绩效。结果表明，尽管产业融合均能有效提升地区碳排放绩效，但是这种影响呈现出衰减的趋势，更进一步研究发现，相较于新兴生产性服务业，制造业与传统生产性服务业融合对碳排放绩效具有更大的正向促进作用。

众所周知，产业转移和产业集聚通常离不开地方政府的产业规划与政策支持。特别是包含经济技术开发区的设立等产业政策成为产业集聚的重要推手。虽然现有文献对于产业集聚政策如何影响环境仍存在较大争议（Busso et al.，2013；Kline and Moretti，2014），但是普遍认为产业集聚引发的技术创新与溢出效应能够提升环境绩效（胡求光、周宇飞，2020），如余壮雄等（2020）从产业规划的角度出发，基于制造业数据探究中央与地方产业规划的偏向性以及对碳排放强度的影响。结果显示，中央产业规划更倾向于从长期发展角度出发支持低碳行业，而经济发展压力的存在使得地方政府产业规划更宜选择拥有更好经济效益的高排放行业。综合来看，地方政府的选择倾向更有助于碳排放强度的降低，相较于地方政府产业政策的全行业作用，中央产业政策仅有助于低碳排放行业碳排放强度的减小。

（3）城镇化水平与碳排放绩效

自改革开放以来，快速推进城镇化进程引发的人口集聚与规模经济成为中国经济跨越式发展的重要引擎。截至 2021 年，中国整体的城镇化率已达到 64.72%，稳居世界前列。然而，需要警醒的是，城镇地区不仅创造了大量财富，也成为污染排放的重要来源地，特别是能够造成温室效应的二氧化碳更是成为城镇化发展的伴随者。而随着降低碳排放成为中国经济发展新的战略方向，如何在城镇化进程中降低碳排放、提升碳效率，实现经济社会发展的集约化与环保化成为新的课题，而这首先需要厘清城镇化到底如何影响碳排放及其效率。

对于城镇化与碳排放的关系，现有文献基于城镇化维度、区域差异、城镇化质量等从不同角度进行了探究，且得到了截然不同的结论（Alam et al.，2007；Zhou et al.，2019）。一是城镇化与碳排放呈线性关系。例如，Han 等（2017）采取跨学科与跨区域的研究视角，选取长三角地区城镇化进程的演变趋势和发展特征，探究城镇化发展过程中城市环境特别是碳排放及碳吸收的变动状况。结果显示，扩张的城市规模不断侵蚀着基本农田，随之而来的能源消耗与工业发展增加了城市的二氧化碳来源，同时，城镇化带来的城市绿化与森林公园的增加也提升了对二氧化碳的吸收能力。谭建立和赵哲（2021）在采用系统 GMAR 考察 2007—2018 年财政支出结构的碳减排效应时指出，新型城镇化是财政支出结构影响碳排放的传导路径，在分别选取经济增长、产业结构、城镇就业和城镇人口规模表征新型城镇化后发现，新型城镇化均能显著影响碳排放。而 He 等（2017）基于 1995—2013 年省级面板数据考察影响二氧化碳排放的重要因素时发现，城镇化与二氧化碳排放间呈倒"U"形关系，但是中国已经通过相应拐点，城镇化将有助于降低二氧化碳排放。

二是城镇化对碳排放并非表现出正向或负向关系，而是表现出典型的异质性，并且这一结论得到了大量文献支撑。例如，Phetkeo 和 Shinji（2010）基于 1975—2005 年 99 个国家面板数据研究发现，城镇化并非同等程度影响二氧化碳排放，而是取决于国家个体特征，即相较于高等收入与低等收入国家，中等收入国家城镇化推进带来的碳排放量更大。张腾飞等（2016）选取人均二氧化碳排放量，基于城市化模型和污染模型考察城镇化对碳排放的作用效果以及传导路径，对中国 2000—2012 年省级层面数据进行检验发现，中国城镇化进程的不断推进会提升碳排放水平，但是城镇化伴随的清洁技术溢出与人力资本积累将会减少碳排放。Wang 等（2018）选取 1990—2013 年珠江三角洲 9 个城市样本数据考察不同类型城镇化进程对二氧化碳排放的影响。结果显示，不同类型城镇化的作用效果迥异，其中，经济城镇化和土地城镇化引发的能源消耗与城市规模扩张是造成城市二氧化碳排放量增加的重要原因，人口城镇化带来的知识溢出与规模效应反而有助于减少二氧化碳排放。武盈盈和张伟（2019）基于 1949—2013 年时间序列数据，分别采用拔靴滚动因果检验和滚动窗口检验考察全样本及分样本下城镇化与碳排放的因果关系。全样本检验结果显示，城镇化与碳排放并非互为因果，而只有城镇化是二氧化碳排放的格兰杰原因。在分阶段检验过程中，城镇化并非在整个样本期均是碳排放的格兰杰原因，而是只在 1990—1992 年与 1999—2001 年两个很小的时间段存在，且在这两个时间段，城镇化对碳排放的作用完全相反，即在 1990—1992 年城镇化能够促进碳排放量的增加，在 1999—2001 年城镇化反而降低了碳排放量。

对于城镇化与碳排放绩效的关系，前沿文献也形成了包括正向关系、负向关系、不确定三种截然不同的结论。

一是城镇化能够推动碳排放绩效的提升。王玉娟等（2021）在构建包含人口城镇化、环境城镇化、社会城镇化、经济城镇化等城镇化指标体系与人均二氧化碳排放量、碳排放强度等低碳发展指标体系，经过客观熵权法确定各子指标权重的基础上，测算城市层面新型城镇化与低碳发展指数，采取空间联立方程与广义空间三阶段最小二乘法等计量方法对 2007—2017 年样本数据进行检验。结果显示，新型城镇化和低碳发展能够相互作用与互相影响，且具有明显的空间相关性，即新型城镇化不仅能通过规模效应、服务业集聚、人居环境改善影响本地的低碳发展，也能促进相邻地区低碳发展；同时，经济发展、人力资本累计、技术进步等内生要素和政府能力等外生要素均有助于新型城镇化与低碳的协同发展。

二是城镇化降低了碳排放绩效。程琳琳等（2018）以中国省级 1997—2014 年面板数据为实证样本，在基于人口城镇化、社会城镇化、土地城镇化、经济城镇化等生成多维度城镇化指标和采用随机前沿方法测算农业碳生产率的基础上，检验城镇化如何影响农业碳生产率。结果表明，城镇化的快速推进不仅无助于农业碳生产率的提升反而会抑制其增长，在采用空间计量模型考察空间溢出效应后，发现农业碳生产率会同时受到本地与邻地城镇化水平的影响，且对邻地的负向溢出效应更大。进一步地，区域异质性检验发现，城镇化对农业碳生产率的抑制作用，在不同区域均存在，但西部地区的负向作用更强。王鑫静和程钰（2020）选取全球 118 个国家 2009—2016 年面板数据检验城镇化进程如何影响碳排放效率。实证结果显示，城镇化无助于碳排放效率的提升，在依据美国地理学家诺瑟姆制定的标准将城镇化水平分为低等城镇化水平、中等城镇化水平和高等城镇化水平并进行重新检验后，结果显示，仅低等城镇化水平作用显著且对碳排放效率影响为负，中等城镇化水平与高等城镇化水平对碳排放效率影响均不显著。

三是城镇化与碳排放绩效间呈现复杂的不确定性关系。Li 等（2018）从城市层面出发，基于长三角城市群 2000—2010 年面板数据，考察不断推进的城镇化进程如何改变二氧化碳排放绩效，在选取计量模型检验的过程中，发现城镇化与碳排放绩效间呈"U"形关系，即在城镇化发展初期碳排放绩效不断降低，而随着城镇化进程达到某一临界点碳排放绩效开始提升。程琳琳等（2019）在前述研究的基础上考察不同类型城镇化对农业碳生产率的作用差异。实证结果显示，人口城镇化和社会城镇化对地区农业碳生产率产生负向影响，土地城镇化则能够显著促进农业碳生产率的提升；在考虑空间溢出效应后，发现邻地人口城镇化表现出正向溢出效应，而其他类型城镇化并没有表现出空间效应。与此同时，在城镇化发展过程中必然伴随城市形态的变化。Wang 等（2019）基于珠江三角洲城市群 1990—2013 年样本数据，在基于遥感数据评估城市形态和构建碳排放经济效率与环境效率的基础上，实证检验不同城市形态下碳排放效率的演变趋势。结果显示，扩张型城市形态不利于碳经济效率和碳环境效率的提升，而紧凑型城市形态有助于碳经济效率和碳环境效率的提升。

（4）行政干预与碳排放绩效

自中国向世界做出碳达峰、碳中和的庄严承诺以来，如何减少碳排放、提升碳绩效已成为当前及今后一段时间政府的工作重点，即政府应该采取何种措施提升化石能源使用效率与促进技术创新，以实现碳排放绩效的提升。综观前沿文献，学者普遍认为，环境规制与政策试点可能成为政府干预经济和环境的有效手段（Ai et al.，2020；Santis et al.，2021），且形成了丰硕的研究成果，为此本部分从环境规制与政策试点两个方面梳理有关行政干预对碳排放绩效影响的文献。

环境规制，是指为了有效减少环境污染与促进绿色技术创新，政府部门利用行政手段对污染行为和污染治理等进行的直接干预与管理。时间与理论均证明合理的环境规制有助于环境绩效的提升。与此同时，国内外较多学者也从不同角度对环境规制与碳排放、碳绩效的关系进行了探讨，且形成了差异性结论。一是由于成本效应的存在，严苛的环境规制增加了企业的生产成本与经济负担（王林辉等，2020），对企业清洁型技术的研发产生挤出效应，从而不利于碳排放绩效的提升。例如，Sinn（2008）指出，环境规制并不能减少污染排放，反而促进了碳排放的增加与碳绩效的降低，即存在"绿色悖论"效应。二是由于创新补偿效应的存在，环境规制的增强有助于引发更多的 R&D 投入，从而带来生产率的显著提升（Yang et al.，2012）。例如，李小平等（2020）采用 2003—2017 年省级面板数据考察不同类型环境规制对碳生产率的影响差异。实证结果显示，强制型环境规制、市场型环境规制与自愿型环境规制作用效果迥异，其中，强制型环境规制和市场型环境规制对本地碳生产率产生正向作用，而自愿型环境规制表现并不明显。

然而，随着研究的不断深入，更多研究开始认同环境规制对碳排放绩效并非表现出简单的线性关系，而是呈现出阶段性特征。例如，张华和魏晓平（2014）通过估算各种化石能源与水泥生产中的二氧化碳排放，基于省级层面 2000—2011 年样本数据，实证考察环境规制对碳排放发挥有何种影响。结果表明，环境规制对碳排放的影响并非呈简单的线性关系，而是呈倒"U"形关系，环境规制既表现出"绿色悖论"又显示出倒逼减排效应，而这均取决于环境规制的强度。Zhao 等（2018）在识别碳密集型产业的基础上，定量考察环境规制与碳密集型产业全要素生产率间的关系。实证结果显示，环境规制与碳密集型产业全要素生产率之间并非呈简单的线性关系，而是呈倒"U"形关系，其中，电力与热点行业环境规制对全要素生产率的影响已经超过临界点。丁绪辉等（2019）在基于 SE – SBM 模型测算 2006—2016 年省市碳排放绩效的基础上，探究环境规制引发的碳排放绩效变化问题。研究发现，环境规制强度和碳排放绩效存在"双门槛"关系，产业结构、能耗结构、对外贸易等均表现出门槛效应。李珊珊和罗良文（2019）基于 2008—2015 年省级面板数据探究环境规制对碳生产率影响的门槛效应，在分别选取技术进步、产业结构与环境分权作为门槛变量的检验中，发现环境规制对碳生产率的作用依赖于门槛变量的选取，即在不同门槛变量下，分别表现出"V"形和倒"V"形特征，更进一步研究发现，地理邻近地区环境规制对碳生产率表现出正向溢出作用。

　　与此同时，更多文献开始考察环境规制对碳排放绩效影响可能存在的行业与地区的差异性作用。例如，何康（2014）选取我国工业行业 2001—2010 年面板数据，在以 Malmquist 指数测算工业碳排放绩效的基础上，实证检验环境规制如何影响碳排放绩效。研究结论证实了波特假说的成立，即随着环境规制强度的增加，工业行业碳排放绩效得到显著改善。然而，行业差异的存在使环境规制的作用效果依赖于行业个体特征，对于高碳排放绩效行业来说，环境规制对碳排放绩效影响呈倒"U"形，即先增加碳排放绩效而后减少碳排放绩效。而对于低碳排放绩效行业来说，环境规制对碳排放绩效的影响呈"U"形，即先降低碳排放绩效而后增加碳排放绩效。Gao 等（2018）以 2004—2014 年省级面板数据为研究对象，检验环境规制如何改变工业部门碳生产率。结果显示，环境规制有助于提升中国工业部门整体碳生产率，不同类型污染部门环境规制的碳生产率效应存在较大差异，其中，重度污染工业部门环境规制与碳生产率之间呈抛物线关系，中度污染工业部门环境规制导致碳生产率先增加后减少，而低度污染工业部门环境规制带来碳生产率的提升。王丽等（2020）采用 GML 指数在对中国省级碳生产率测度后，通过实证检验 2002—2016 年环境规制对碳生产率的作用效果。结果显示，环境规制与碳生产率间并非表现出简单的线性关系，而是呈"U"形，即随着环境规制强度的增加，碳生产率显示出先减少后增加的趋势，且技术进步是环境规制影响碳生产率的重要途径之一。在东部、中部、西部等考察区域异质性下环境规制的作用效果时，发现区域差异明显，仅在东部地区和西部地区环境规制与碳生产率的"U"形关系成立，中部地区则表现出倒"U"形关系。

　　在寻求提升碳排放绩效的过程中，政府主导型的政策试点既能为促进碳排放绩效提升积累宝贵经验，又能防止政策偏误带来的巨大损失，因此成为中国政府推行系列改革的有效手段。所以，在中国现实情境下，考察行政干预如何影响碳排放绩效，要重视特定的试点政策。对此，前沿文献主要从两个维度展开研究。

一是环保型试点政策，主要包括低碳城市试点、碳排放交易机制、环境友好型社会建设等政策，形成了一系列有代表性的成果。例如，邓荣荣（2016）基于双重差分模型研究全国资源节约型和环境友好型社会建设综合配套改革试验区的设立如何改变长株潭城市群碳排放绩效。研究结论指出，全国资源节约型和环境友好型社会建设综合配套改革试验区的设立能够同时降低碳排放总量与碳排放强度，表明在推进城市碳排放绩效的过程中，除了要发挥市场自发机制的作用外，也要注重政策的引导与指向作用。邓荣荣和詹晶（2017）选取中国低碳试点城市与双重差分法考察低碳试点政策如何改变城市碳排放绩效。结果显示，低碳试点政策的推行有助于碳排放强度的降低，并且政策作用的效果依赖于政策试点的年限，试点时间越长对碳排放强度的影响越大。周迪等（2019）将不同能源消耗产生的碳排放加总表征城市碳排放绩效，选取 2012—2016 年城市层面面板数据，考察低碳城市试点政策对碳排放绩效的影响，发现低碳城市试点政策不仅能够显著降低城市碳排放强度，而且这一效应具有持续性。Cheng 等（2019）基于双重差分模型，选取中国 194 个城市 2007—2016 年样本数据实证考察低碳城市试点政策如何影响二氧化碳生产率。结果显示，低碳政策试点能够提升碳生产率 2.64%，从时间趋势来看，低碳政策的实施不仅能促进当期碳生产率的提升，还能通过要素配置等持续推进碳生产率提高；从城市异质性角度来看，规模经济效益明显、规模越大的城市，其低碳政策对碳生产率的促进作用越强，并且相较于中西部地区，东部地区低碳政策的环境效益更为明显。于向宇等（2021）基于中国 30 个省份 2005—2017 年面板数据考察碳排放交易机制的设立对碳绩效的影响。研究发现，中国各省份碳绩效呈现明显的区域异质性，平均值仅有 0.5，实行碳交易机制能促进省市碳绩效的提升，其中，能源结构、产业结构和技术创新是碳交易机制影响碳绩效的实现路径。

二是基于城市自身特征的试点政策，主要包括行政审批政策、创新型城市试点、资源型城市发展等。例如，张龙平等（2019）从审计角度出发，在从预防、揭示、抵御功能等多角度合成国家审计"免疫系统"功能的基础上，探究国家审计制度如何改变全要素碳生产率。结果显示，国家审计制度能够推动地方低碳经济发展，且这一正向作用依赖于地方制度环境与财政状况，其中，制度环境越宽松的地区与财政状况越好的地区，国家审计制度对全要素碳生产率的正向作用越大。梅晓红等（2021）基于准自然实验，选取 234 个城市层面样本数据考察政府行政效率与碳排放的关系。研究发现，在设立行政审批局表征的政府行政效率有助于城市碳排放的减少，开通高铁与非政府组织在其中发挥重要的调节作用，开通高铁与非政府组织规模越大这种正向促进效应越强。张华和丰超（2021）考察2008 年实行的创新型城市建设能否有效提升碳排放绩效。结果显示，进行创新试点的城市碳排放绩效比非试点城市高 2.47%，且这一提升效应随着时间的延续不断增强，其中，产业结构优化、技术创新和发展方式转变扮演着重要角色。张艳等（2022）以 2013 年颁布的《全国资源型城市可持续发展规划（2013—2020 年）》为准自然实验，考察资源型城市可持续发展政策如何影响城市碳排放。结果显示，资源型城市可持续发展政策的颁布能够有效降低碳排放量，技术选择、财政支持程度的增加与生活质量的改善是该政策影响碳排放的作用途径，且该政策的作用效果依赖于城市所处的地理位置、拥有的科研要素以及城市发展阶段与资源类型，即该政策的颁布对东部地区与南部地区城市、科研要素丰富城市、衰退型城市、森林工业型资源城市的碳排放抑制作用更加明显。

2.2 工业智能化的研究综述

2.2.1 工业智能化的测算

随着新一轮技术革命的蓬勃兴起，人工智能技术的渗透性与协同性不断推动产业协同，重塑制造业产业分工格局。工业智能化作为人工智能技术与工业的有机融合，必将改变制造业企业发展方式。因此，考察我国工业智能化的发展趋势尤为必要，而在此之前，首要目的在于精准度量工业智能化。综观现有文献，对于如何精准度量工业智能化尚未形成系统性观点，其中，主流文献通常采用单一指标或者构建综合性指标体系表征工业智能化。

对于单一指标而言，不同学者从多样性的角度进行表征。在企业层面，由于缺少具体的工业机器人使用数据及智能化数据，大量研究通过构建虚拟变量来度量工业智能化。例如，王兵和王启超（2019）、蔡震坤和綦建红（2021）以企业是否采用机器人或进口机器人来构建虚拟变量；睢博和雷宏振（2021）通过识别是否实施工业化智能化与实施年份，基于双重差分法构建虚拟变量表征企业工业智能化程度。然而，随着研究的深入，采用虚拟变量表征工业智能化容易忽视企业内部的智能化差异，因此如何构建可量化的工业智能化成为新的难点。不少学者开始尝试引入文本分析法（Loughran and Mcdonald，2011），基于上市公司财报或者年报，从中筛选智能化关键词表征工业智能化（温湖炜、钟启明，2021）。例如，岳宇君和顾萌（2022）基于《智能制造发展规划（2016—2020 年）》《新一代人工智能发展规划》等政策性文件分别归纳总结出 28 个与 86 个智能化即与智能化技术有关的名词，基于公司年报爬取智能化领域关键词并统计频次表征智能化指数。

在地区层面，由于机器人数据的存在，前沿文献普遍从机器人应用绝对数及安装密度两个维度度量工业智能化。在绝对数方面，唐晓华和迟子茗（2021）基于国际机器人联合会公布的机器人，根据机器人行业销量确定各省份权重，将全国工业机器人数分解到各省份，其中，全国工业机器人数 = 机器人进口数 + 国内机器人产量 − 机器人出口数；孙早和侯玉琳（2021）根据各省份工业行业销售产值与全国比重将全国机器人数量拆分到各省份，以各省份工业机器人数量表征工业智能化。在安装密度方面，王文（2020）基于各行业机器人数量及各省份分行业就业人数测算工业机器人安装密度，具体而言，就是基于行业从业人数测算出各省份各行业工业机器人数量，并将其加总量与该省份制造业从业人数相除得到工业机器人安装密度；魏下海等（2020）则在 Goldsmith - Pinkham 等（2020）的基础上设定 2008 年为基准年份，基于就业人数与机器人安装量测算机器人安装密度。

随着研究的不断深入，有学者指出，基于机器人数量的单一指标当前仅存在全国与行业层面数据，大多数文献按照工业产值、工业人数的分解表示各省份工业智能化程度，在分解过程中可能会造成数据失真；同时，机器人数据注重从投入端考察工业智能化，忽视了智能化与工业化融合的经济效益，对地区工业智能化程度的度量存在较大偏误。因此，前沿文献开始探究采用多指标体系综合考察地区工业智能化程度。对于综合性指标，现有文献依据自身研究目的从多角度构建指标体系合成工业智能化指数，其中，最具代表性的是孙早和侯玉琳（2019）从基础设施、生产应用、竞争力与效益3个维度出发，构建包含数据处理与存储能力、软件普及与应用、智能化设备投入、新产品生产、智能制造企业、平台运营与维护、经济效益、创新能力、社会效益、信息资源采集在内的10个指标，并基于主成分分析法合成工业智能化指数。这一指标构建体系与测算方法也得到了较多学者认同和采用（王书斌，2020）。魏玮等（2020）借鉴孙早和侯玉琳（2019）的研究思路，从软件应用、工业智能仪器设备、数据处理、平台维护服务、信息采集能力、工业智能企业、创新能力、能源消耗8个维度，基于熵权法测算省级层面工业智能化指数。赵柄鉴等（2021）从软件产品普及情况、智能装备应用情况、信息资源采集及数据处理能力等智能化设备投入，高新技术产业收益、新产品生产、财务运营状况等企业生产能力，网络普及率、互联网端口数、长途光缆长度等互联网环境，多维度构建智能化体系，并基于因子分析法合成区域工业智能化指数。刘军等（2022）基于省际面板数据，从基础投入层、生产应用层、市场效益层3个角度构建包含研发投入、智能设备投入、软件开发与服务情况、智能设备市场利润、试点企业市场效益等13个指标，并基于层次分析法和熵权法确定权重合成工业智能化指数。陈晓等（2020）则指出，孙早和侯玉琳（2019）构建的工业智能化指标体系存在指标与测算方法的缺陷，因此对其进行优化，主要更新方法有两个：一是将智能制造企业情况度量指标改为相对指标，使得指标体系保持一致；二是借鉴樊纲等（2003）测算市场化程度的思路，先对原始数据进行极差法处理，再经过主成分分析法合成，使工业智能化指数更加精准。

2.2.2 工业智能化的经济社会效益

(1) 工业智能化与经济增长

作为反映社会发展的重要指标，经济增长已经成为学界关注的重点。然而，历次经济跨越式发展背后往往都蕴含着技术进步，可以说，工业技术的每一次巨变都带来生产率的大幅提升（曹静、周亚林，2018）。工业智能化作为以人工智能技术为载体的新型工业形式，也必然与传统技术革命一样改变区域经济发展方式。但是，随着"生产率悖论"的广泛流行，工业智能化如何影响经济增长成为前沿文献争议的焦点，即工业智能化是通过提升生产率促进经济持续增长，还是通过减少投资抑制经济繁荣（刘涛雄、刘骏，2018），前沿文献从理论与实证等多个维度进行了探究，最终形成了截然不同的研究结论：工业智能化有益论、工业智能化有害论（生产率悖论）、工业智能化不确定论。

工业智能化有益论指出，人工智能技术与工业化的有机融合在降低资本价格（Wang et al.，2021）、推动社会生产力提升的同时催生出一系列新业态和新产业，在改变就业格局的过程中必将实现经济可持续增长。Hanson（2001）在通过外生增长考察机器智能与经济增长的关系时，发现最终机器会通过替代效应降低对劳动力的需求，在推动生产力快速提升的过程中带动经济跨越式发展。Graetz 和 Michaels（2018）在 1993—2007 年跨国面板数据的基础上，从实证角度证实了智能化能够促进经济发展，且样本国家工业机器人每增加 1% 将会带来 0.37% 的产出增加。杨光和侯钰（2020）选取 1993—2017 年跨国面板数据进行检验。结果显示，工业机器人的使用能够正向激励经济增长，这一作用在后人口红利时期更加明显。在分国别检验中，发现工业机器人在"金砖国家"中的作用显著性较欧盟及 OECD 国家更弱；在分行业检验中，发现工业机器人对汽车生产与塑料化工产出的影响更大。刘军等（2022）基于 2010—2016 年中国省级面板数据从实证层面检验智能化影响经济增长的方向及作用路径。研究显示，智能化能够显著促进中国经济增长，且与中西部地区相比，对东部地区的激励作用更大，传导机制检验发现智能化主要通过提升生产效率与创新能力促进经济增长。

然而，随着研究的逐渐深入，文献已不再满足于仅仅探究工业智能化与经济增长的关系，而是深入经济发展内部，开始探究工业智能化如何影响生产率。大量基于任务模型的研究不仅证实了自动化技术具有生产率效应（Acemoglu and Restrepo，2018），而且认为工业机器人既能直接影响经济增长，又能通过作用于全要素生产率间接影响经济增长（杨光、侯钰，2020）。除此之外，也有较多学者从实证角度进行了检验。侯世英和宋良荣（2021）在经济收敛模型和2012—2018年省级层面数据的基础上，研究发现，智能化能够促使经济增长呈现收敛特征，且全要素生产率与资本回报率在智能化对经济增长作用中发挥传导作用，区域市场整合程度有助于提升智能化对经济增长质量收敛的正向影响。Kromann等（2020）以跨国别行业样本数据为研究对象，证实了工业机器人的广泛使用能够带来全要素生产率的快速提升，其中，机器人使用强度每增加1%将带来6%的全要素生产率提升。刘亮和胡国良（2020）基于制造业2007—2017年样本数据，从实证层面验证人工智能技术的"生产率悖论"问题。结果表明，"生产率悖论"并不存在，即人工智能技术带来了全要素生产率的提升，但由于"拥挤效应"的存在，这一正向作用的边际效应逐渐降低，其中，技术效率而非技术进步在人工智能对全要素生产率中发挥传导作用。行业异质性研究显示，相对于低技术行业而言，高技术行业人工智能对全要素生产率的促进效应更强。

工业智能化有害论指出，包括人工智能在内的新兴技术的广泛应用可能无法带来生产率的提升与经济的持续增长，人工智能渗入工业生产更为直接的是大量劳动力的失业以及收入的减少，随之而来的消费降低与投资衰减不可避免地会损害经济增长。Gordon（2016）指出，在过去的近百年，技术进步以及大量智能设备的广泛使用确实促进了经济繁荣，但是在当前经济发展阶段，大量的新兴技术与智能化发展已不可能再次带来经济高速发展，也不会给生活带来巨大改变，甚至可能无法超越之前的生活水平。Gasteiger 和 Prettner（2017）通过戴蒙德模型研究发现，机器人的大量使用并没有带来经济增长，反而抑制了工资与投资增加，最终导致经济大面积停滞。郭敏和方梦然（2018）在国际前沿研究的基础上，基于定量分析探究人工智能引发"生产率悖论"的缘由。研究发现，"生产率悖论"的产生可能源于劳动生产率效应的滞后性和人工智能错误的统计，而滞后性可能是"生产率悖论"的最主要成因，即人工智能技术引发的生产率效应不是当期产生的，而是需要与产业进行深度融合后才能发挥作用。

工业智能化不确定论认为，尽管总体上工业智能化可能带来经济增长与全要素生产率的提升，但是作用方向仍受制于可能存在区域、行业、个体特征影响，即某些不易察觉的因素可能成为干扰工业智能化对经济增长影响的关键因素。李丫丫等（2018）选取省域制造业 2006—2015 年数据为研究对象，分区域检验结果显示，工业机器人应用对北京、天津及东部沿海、北部沿海、南部沿海地区的省份制造业生产率发挥正向激励作用，而对东北和西北地区的省份影响不显著。魏玮等（2020）基于 2006—2016 年面板数据考察劳动力结构、工业智能化和全要素生产率之间的关系。结果显示，工业智能化能够通过劳动力结构优化促进全要素生产率的提升，但存在明显的智能化发展程度与区域差异，即工业智能化发展早期劳动力提升了东部地区全要素生产率，而对中西部地区表现出抑制作用。Gries 和 Naudé（2020）基于内生增长模型考察人工智能技术的经济效应发现，人工智能如何影响经济发展取决于其与劳动力之间的替代弹性，当替代弹性较高时，人工智能技术应用将会降低总需求从而减缓经济增长；而当替代弹性较低时，尽管经济增速仍可能放缓，但是人工智能在供给侧依然会促进产能扩张。周晓时等（2021）选取 1991—2018 年跨国面板数据，从实证层面检验以机器人表征的人工智能技术如何影响农业生产率。结果显示，人工智能技术的广泛应用能够显著提升农业生产率，其中，对农业劳动力的替代发挥部分中介作用，同时人工智能技术的作用方向受到经济发展阶段的制约，即在高收入国家人工智能技术表现出明显的促进效应，而在中低收入国家人工智能技术显示出负向影响。孙早和侯玉琳（2021）在熊彼特创新模型的基础上从理论层面考察人工智能技术特别是政府部门介入如何影响经济增长，进一步选取省级制造业面板2001—2017年样本数据从实证层面进行验证。结果显示，人工智能对全要素生产率的作用方向受制于行业自身特征约束，具体而言，人工智能发展有助于提升纺织服装服饰业、金属制造业、化学纤维制造业等行业全要素生产率，而降低了烟草制品业全要素生产率，对医药制造业，仪器仪表制造业和计算机、通信及其他电子设备制造业等高端制造业全要素生产率并没有显示出显著作用，但政府部门的人工智能投入能够促进高端制造业全要素生产率的提升。

（2）工业智能化与产业结构

在逆全球化浪潮与技术封锁愈演愈烈的现实情境下，国内大循环成为中国打破困境与实现经济增长的重要路径。因此，作为经济发展基石与载体的产业显得尤为重要，特别是推动产业结构转型升级已成为中国能否实现跨越式发展的重要决定力量。毫无疑问，产业升级离不开先进技术的推动，随着具有广泛渗透性的人工智能技术的发展，其与大数据、物联网、智能终端等的协同将会促使高新技术产业更新换代，在带动新兴产业产值增加的同时促使产业结构进一步优化。与此同时，工业智能化的劳动替代效应与技术溢出效应也将广泛提升全产业生产效率，带动传统产业升级改造。然而，工业智能化的广泛应用也可能拉大智能化企业与非智能化企业间的差距，引致大量高技术劳动力与资本向智能化企业集聚，形成一定的极化现象，而非智能化企业将面临人才大量流失与资金困乏的窘境，导致缺乏产业升级的动力与基础。那么工业智能化到底如何影响产业发展？现有文献形成了截然不同的观点：工业智能化有助于产业结构升级和工业智能化对产业结构升级影响不确定。

持工业智能化有助于产业结构升级观点的学者普遍认为，工业智能化引发的劳动替代、产业关联及竞争示范效应均有助于提升产业内的劳动生产率与产业间的协同创新能力，倒逼产业结构升级。在理论层面上，胡俊和杜传忠（2020）认为，人工智能技术具有的广泛渗透性、数据驱动性和系统智能性等基本特性将会通过为技术创新提供方向、倒逼劳动力禀赋提升、提升产业部门生产率、引发新业态及新模式等改变产业发展体系，促进产业转型升级。李越（2021）从马克思主义政治经济学的角度出发探究智能化生产方式如何影响产业结构升级，其认为智能化生产方式能够从生产力与生产关系两个角度作用于产业结构升级：一方面，智能化生产资料的应用能够直接促进产业效率的提升，由此引发传统产业的升级改造；另一方面，智能化信息平台减少了生产者与消费者的沟通障碍，在促进协作效率提升的同时促使产业结构变迁。

在实证层面上，Kim 和 Park（2009）在考察 1980—1990 年韩国产业内的技术发展时指出，信息化引发的技术溢出与技术共享在促进产业融合的同时助推产业结构升级。Autor 和 Dorn（2013）在考察包括计算机技术在内的工业智能化技术如何影响服务业发展时指出，先进技术的劳动替代效应更多发生在制造业，在降低制造业劳动需求的同时诱使剩余劳动力向服务业转移，从而促使服务业繁荣发展。陈秀英和刘胜（2020）基于世界银行数据库和国际机器人联合会样本，从实证层面检验智能制造转型与产业结构升级的关系，结果证实了智能制造转型有助于促进产业结构转型升级，但是这一作用方向仍受到国别的税负程度、营商环境以及城镇化的约束，即低税负环境、低营商成本、高城镇化水平国家的智能制造转型对产业结构升级的推动作用更强。韦东明等（2021）在 2006—2018 年省级层面样本的基础上，构建产业结构高级化与产业结构合理化两个指数表征产业结构升级，并从实证层面检验工业机器人对产业升级的作用方向、作用路径及作用差异。结果显示，工业机器人有助于提升产业结构高级化和产业结构合理化，且生产率的提升与新岗位的创造在其中发挥传导作用，与此同时，区域间、时序间、产业间差异明显，中部与东部地区、德国"工业 4.0"提出后、高技术与装备制造业、生产性与高端服务业中工业机器人对产业结构升级的促进效应明显。杜文强（2022）从机器人安装密度与存量密度两个维度出发，基于中国城市层面 2006—2016 年样本数据考察工业机器人的广泛使用如何影响产业结构升级。结果表明，无论是工业机器人的安装密度还是存量密度，都有助于促进产业结构向高级化方向转变，其中，人力资本提升、服务业需求增加与岗位创造效应在工业机器人作用于产业结构升级中发挥中介效应；异质性讨论结果显示，区域、技能劳动和时间均约束工业机器人的作用效果，东部地区 2013 年后及高技能劳动密集型城市工业机器人对产业结构高级化的影响更大。

持工业智能化对产业结构升级影响不确定观点的学者认为，一方面，工业智能的行业偏好与劳动力替代偏向容易造成不同产业间生产率的此消彼长，导致产业内与产业间生产要素的错配，不利于全产业升级改造；另一方面，不同区域和行业间发展程度、技术创新能力与资源属性差异明显，这些个体特征可能成为干扰工业智能化对产业结构影响的关键因素。例如，康茜和林光华（2021）在选取 2007—2017 年省级面板数据检验产业结构在工业机器人与就业中的中介效应时发现，工业机器人对产业结构高级化表现出显著的抑制作用，而对产业结构合理化表现出正向影响。张万里等（2021）的研究结论却完全相反，他们在以 2004—2016 年省级面板数据检验的过程中发现，产业智能化能够激励地区产业结构向高级化方向转变，却不利于产业结构合理化，且产业智能化对产业结构的影响受制于技能劳动比例与性别比例的约束，同时地区间差异明显。耿子恒等（2021）在省级面板数据的基础上考察人工智能技术应用对产业高质量发展的作用。结果显示，人工智能技术能够促进农业、制造业与服务业产业升级，却抑制了产业结构高级化，从而对产业结构合理化作用不显著。从分区域角度来看，人工智能技术无助于农业和制造业产业升级，仅显著促进了西部地区服务业升级；与此同时，人工智能技术显著促进了东北、中部及京津冀区域产业结构合理化和东北及西部地区产业结构高级化。刘军和陈嘉钦（2021）指出，作为新一轮技术革命的新兴技术，人工智能技术必将在推动产业结构转型升级中发挥不可忽视的重要作用。实证结果证实，在全样本下，人工智能技术能够同时提升产业结构高级化与产业结构合理化，但传导路径并不相同，其中，人力资本水平和创造新业态在人工智能与产业结构高级化中发挥中介效应，而资源优化配置和技术融合在人工智能与产业结构合理化中扮演中介角色。分区域检验发现，智能化对东部及中西部地区产业结构高级化影响均显著，并且对东部地区作用更大，但是仅对东部地区产业结构合理化产生负向影响。

（3）工业智能化与劳动就业

随着智能化技术概念与应用的快速普及，其对传统岗位的冲击已成为社会关注的热点，特别是，与此相伴的人口老龄化的加速到来，智能化到底如何影响劳动力就业市场，是否会带来大面积的失业成为学界和政界关心的话题。众所周知，智能化技术也将如传统技术革命一样改变社会进程的方向，但其智能属性使其对社会经济变革的影响更为深远。智能化的最主要特征在于，让机器具有自主学习能力，能够将需要人工操作的非常规生产任务转变为机器自主完成的常规任务（王军、常红，2021）。当然，在进行任务转换与劳动替代的过程中，智能化技术也必然具备所有新兴技术具备的双面性典型特征（Autor，2015；Kujur，2018）。这也意味着工业智能化可能对劳动力市场同时产生积极效应与消极效应（王林辉等，2020）。

工业智能化的积极效应，是指工业智能化能够通过创造新型岗位的方式带动劳动力需求的增加（Acemoglu and Restrepo，2018），一方面，工业智能化的快速普及使得企业更倾向于实施机器换人提升生产效率，在降低生产成本与商品价格的同时必然引发消费需求的增加，促使企业增加劳动力以扩大生产规模；另一方面，智能化与工业化的深度融合必将创造出新型工作岗位，带动劳动力需求的增加。Berg 等（2018）指出，人工智能技术在通过提升生产效率增加总产出的过程中也会带动就业增加。Aghion 等（2020）从法国制造业 1994—2015 年微观数据出发考察自动化如何影响就业，发现自动化对就业的估计弹性为 0.28，即能够显著提升就业水平，且这种正向影响在非熟练工人中依然存在。陈宗胜和赵源（2021）在分别基于省级面板数据、企业面板数据考察制造业不同技术密度部门工业智能化与劳动就业的关系及传导路径时，发现尽管高技术密度部门与低技术密度部门的工业智能化均对就业显示出正向促进作用，但是显示出非对等性，其中，高技术密度部门的就业促进作用更强，并且高技术密度部门与低技术密度部门工业智能化对就业影响的传导路径也不相同，高技术密度部门工业智能化主要通过生产规模扩张促进就业，而低技术密度部门工业智能化主要通过技术扩散促进就业，在分别考察企业所有制与区域异质性时，发现工业智能化对非国有企业就业与东部地区企业就业的促进作用较国有企业与中西部地区企业更强。李磊等（2021）在理论模型推导的基础上，选取中国微观企业2000—2013年数据实证检验机器人应用对就业的作用效果。结果表明，机器人应用对劳动力就业更多地表现出促进效应，即显著提升了就业水平，其中，产出规模扩张发挥了重要的传导作用，而生产率效应与市场份额效应作用较弱，且这一作用方向存在显著的行业与劳动力异质性：行业异质性结果显示，机器人应用在资本密集型行业与技术密集型行业促进效应更强；劳动异质性结果显示，中等技能水平劳动力在机器人应用的就业效应中获益最大。

工业智能化的消极效应，是指工业智能化对劳动力的替代容易造成低技能劳动力的大量失业。通常而言，包括机器人在内的终端设备相较于人力更具有成本上的优势，资本的逐利性必将导致大面积技术性失业（Susskind，2017），这一结论得到大量文献支撑。例如，Arntz等（2016）基于任务模型评估OECD国家工作可被自动化替代的程度，结果发现，21个OECD国家大约有9%的工作面临自动化的威胁，其中，韩国可被自动化替代的工作约为6%，而奥地利则可能达到12%。闫雪凌等（2020）基于2006—2017年样本数据探究工业机器人应用对制造业行业就业的作用。实证结果显示，工业机器人的使用显著减少了就业岗位数量，平均机器人使用每增加1%将减少就业岗位4.6%，且这一负向影响在"工业4.0"概念提出后更为明显。在进一步考察可能存在的行业差异后发现，行业规模、研发力度、资本深化度与人力资本均有助于缓解工业机器人应用对就业的负向作用；同时，中等技术行业就业更容易受到工业机器人应用的负向影响。谢萌萌等（2020）采用制造业企业2011—2017年样本数据考察人工智能技术和制造业融合如何改变低技能就业。实证结果显示，人工智能技术和制造业融合对低技能就业产生挤出效应，随着融合程度的加深挤出效应更大。通过传导路径检验发现，人工智能对低技能劳动就业产生双向作用，既能通过资本积累缓解低技能劳动力就业的减少，又能通过降低低技能劳动边际产出增加低技能劳动失业。Acemoglu 和 Restrepo（2020）以美国为样本考察工业机器人应用如何影响劳动力市场。结果发现，机器人显著降低了就业水平，平均每 1000 个劳动力增加 1 个机器人会带来就业率下降 0.2%。刘涛雄等（2022）基于国际机器人联盟 2017 年报告数据，在以随机森林测算不同类型职业被替代可能的基础上，发现机器人技术的应用使得中国市场 1/3 的劳动力处于极可能被替代的境地，劳动者自身特征如性别、年龄、工资等都可能成为被替代的重要因素。对于未来而言，产业结构能否顺利调整到位成为中国劳动力市场是否稳定的关键，如果产业结构调整到位，机器人应用就不会对就业产生明显冲击；如果产业结构未能如期调整，机器人应用就会对就业市场造成巨大冲击。

随着研究的深入，很多学者逐渐达成共识，即工业智能化并非表现出单一的创造效应或替代效应，而是可能针对不同技能与不同行业劳动力产生多样性作用。例如，Zhou 等（2019）指出，人工智能与自动化会同时展现出对就业的创造效应和替代效应，而人工智能技术最终会如何影响中国劳动力市场将取决于创造效应和替代效应的相对大小。王文（2020）选取各省份工业机器人安装密度，以 2009—2017 年中国省级面板数据为研究样本，考察工业智能化如何影响就业的行业分布。实证结果显示，工业智能化对就业的影响存在行业异质性，即在降低制造业就业份额的同时反而增加了现代服务业的就业份额，有助于推动就业质量的提升。李舒沁和王灏晨（2021）在考察老龄化背景下人工智能技术对制造业劳动力影响时，发现工业机器人对劳动力产生双向影响，既对技术劳动力产生补偿效应，又对非技术劳动力产生替代效应，因此工业机器人更多地影响低技术劳动力，并且工业机器人能够弥补由老龄人口逐渐退休引发的非技术劳动力缺口。周广肃等（2021）在借鉴 Frey 和 Osborne（2017）评估美国职业替代率的基础上测算中国城市层面职业替代率，并基于机器人数据考察智能化如何影响中国劳动力市场。结果显示，不断推进的智能化进程虽显著降低了劳动力需求的增长，却增加了在职劳动力的工作时长，并且这一作用依赖于劳动者的个体特征，相对于男性、高教育、年轻及城镇户籍的劳动力而言，这一效应在女性群体、低等教育者、年纪较大群体及农业人口中作用更为明显。

2.3 工业智能化对碳排放绩效影响的研究综述

在实现碳达峰碳中和的现实情境下，为保证中国在 2030 年和 2060 年如期实现庄严承诺，最关键的是减少二氧化碳排放，而这依赖于碳排放绩效的提升。作为人工智能技术应用的最主要表现形式，前沿文献直接针对工业智能化对碳排放绩效影响的研究仍较为缺乏，大量研究主要围绕技术进步展开。现有文献指出，技术进步能够促进包含效率在内的生产率改进，降低区域经济可持续发展的资源依赖，也是影响碳排放及碳排放绩效的重要因素（Li and Lin，2016；Swarup，2017；Yang et al.，2021）。Zhang 等（2012）基于中国 1997—2007 年样本数据考察经济增长与二氧化碳排放的关系，实证发现，技术进步能够通过提升能源利用效率减缓碳排放的产生，且技术进步的不同态势如环境技术变革与生产技术变革展示出多样化的作用效果（Chen et al.，2020）。Cheng 等（2018）在以动态空间面板数据和中国省级面板数据为基础考察产业结构、技术进步与碳排放强度关系时指出，在众多能够降低碳排放强度的关键因素中，技术进步无疑是最重要的变量，且产业结构升级可能成为技术进步推动碳强度降低的主要路径。当然，并非所有研究均得到了同样的结论，也有文献指出，技术进步对碳排放的影响并非表现出线性关系，而是可能呈现出先增加后减少的倒"U"形关系（Pao and Tsai.，2011）。

尽管技术进步与碳排放的研究呈现多样化趋势，但是关于技术进步对碳排放绩效的影响，前沿文献基本达成共识，即技术创新能够带来碳排放绩效的提升（李德山等，2018；王鑫静等，2019）。例如，邓荣荣和张翔祥（2021）在以中国 285 个城市 2012—2018 年样本为研究对象，考察技术进步效应、数字金融发展与碳排放绩效的关系时，发现技术进步能够显著降低碳排放强度，提升碳排放绩效。然而，技术进步在发展过程中并不总是表现出中性，随着偏向性技术理论的逐渐成熟（Acemoglu，2002），技术自身的偏向性如何影响能源效率与环境绩效成为新的研究视角（廖茂林等，2018；Wei et al.，2019）。马海良和张格琳（2021）以长江经济带 1997—2017 年样本数据测算能源偏向性技术进步与非能源偏向性技术进步，实证检验不同类型偏向性技术进步如何影响碳排放绩效。结果显示，非能源偏向性技术进步能够显著提升碳排放绩效，而能源偏向性技术进步不利于碳排放绩效的提升。He 等（2021）也在 2002—2015 年中国省级面板数据的基础上，实证检验了可再生能源技术创新对碳排放绩效的影响。Tobit 固定模型及阈值模型检验的结果显示，可再生能源技术进步能够提升碳排放绩效，且市场环境在中间扮演重要角色。种种文献均证实技术进步特别是能源偏向性技术进步可能成为碳排放绩效的决定力量，那么这是否意味着智能化偏向的技术进步也会对碳排放及碳排放绩效产生影响呢？

前沿文献指出，人工智能技术的发展为地方政府环境治理提供了新方法与新思路，一方面，人工智能技术的效率提升增强了生态环境部门快速获得环境信息及实时跟踪污染变动的能力；另一方面，人工智能技术与空调、通风及采光系统的协调能够迅速感知温度、湿度及光照条件的变化，从而快速自动化调节智能设备的运行状态，降低能源消耗以减少污染排放（张伟、李国祥，2021）。综观前沿文献，较多从智能化的某一维度出发进行检验。例如，Zhang 和 Liu（2015）基于省级样本 2000—2010 年面板数据从实证层面考察信息通信技术对二氧化碳排放的影响。结果显示，信息通信技术能够显著降低二氧化碳排放量，进一步考察东部、中部与西部可能存在的区域差异时发现，东部地区与中部地区信息通信技术均能增加二氧化碳排放，但中部地区效应更大，西部地区信息通信技术对二氧化碳排放的作用不明显。Higon 等（2017）选取 26 个发达国家和 116 个发展中国家 1995—2010 年样本数据考察信息通信技术如何影响国家二氧化碳排放。结果显示，信息通信技术对二氧化碳排放作用呈现多面性，即信息通信设备生产与运营所需的大量能源消耗提升了区域碳排放，而信息技术引发的智能交通与工业流程优化反而有助于减少二氧化碳排放。总体来看，二者呈现倒"U"形关系，即随着信息通信技术的不断提高，二氧化碳排放量先增加后减少。在单独对发达国家样本进行检验时，发现信息通信技术已经过了倒"U"形关系的转折点，即随着发达国家信息通信技术水平的提高，其引发的二氧化碳排放量会不断减少。Asongu 等（2018）选取撒哈拉沙漠以南 44 个非洲国家 2000—2012 年样本数据考察信息通信技术如何影响区域碳排放。结果显示，互联网和手机渗透率均显著增加了人均二氧化碳排放量，而手机渗透率有助于降低液体燃料的二氧化碳排放。白雪洁和孙献贞（2021）在通过 SBM 方向性距离函数测算全要素碳生产率的基础上考察互联网发展如何影响碳生产率，基于 2012—2017 年省级面板数据检验发现互联网发展对区域全要素碳生产率表现出明显的促进作用，且这一正向影响在分东部、中部、西部地区检验时依然存在。在进一步探究作用路径时，发现互联网发展引发的成本效应、技术创新与需求效应是促进碳生产率增长的重要推手，其中，技术创新的传导作用最大。

当然，也有学者基于人工智能、机器人及工业智能化本身进行了研究。例如，陈昊等（2021）基于中国制造业分行业 2006—2015 年样本数据，分别检验行业机器人保有量与增加量对污染排放的影响。实证结果表明，机器人保有量与增加量对污染排放的作用依赖于污染排放的类型，能够显著降低工业废气和固体废物的排放与产生，但对工业废水产生量的影响并不明显。具体而言，机器人主要通过增加研发投入与替代人工作业降低污染排放，机器人对污染排放的作用效果受到行业特征的约束，即机器人显著降低重污染行业与中污染行业污染排放，对低污染行业作用效果不显著，并且对降低重污染行业污染排放的作用更强。Liu 等（2021）使用工业部门 2005—2015 年数据考察人工智能技术与碳排放强度的关系。结果显示，人工智能技术显著降低了工业部门的碳排放强度，在考察行业异质性后发现，其对技术密集型与劳动密集型行业的影响程度更大。黄海燕等（2021）从工业细分行业角度出发，基于 2006—2018 年面板数据考察工业智能化发展如何影响碳排放。结果表明，工业智能化对碳排放总量与碳排放强度表现出非对等性影响，即虽然促进了碳排放总量增加，但是降低了碳排放强度。与此同时，工业智能化的作用效果也存在明显的行业异质性，对碳排放水平较低与智能化水平较高行业碳排放强度的负向影响更大。姚树俊等（2022）在对中国制造业企业问卷调查的基础上，试图谈及包含环境信息共享在内的智能信息互联与环境绩效的关系。研究发现，智能信息互联既能直接促进环境绩效的提升，又能通过提升环境治理能力间接作用于制造业环境绩效。

2.4　文献述评

本章系统梳理了碳排放绩效和工业智能化相关文献综述，试图明晰前沿文献研究现状，为后续理论分析与实证检验提供经验支撑。综合来看，现有研究对于碳排放绩效与工业智能化在不同适用范围下的测算、碳排放绩效的影响因素、工业智能化的经济社会效应、工业智能化对碳排放绩效的作用路径等均进行了深入分析，为研究的展开提供了丰富的文献支撑，但是仍然存在若干不足及进一步深入的空间，具体包括以下几个方面。

第一，指标测算的主观性与随机性成为研究结论未达成共识的根本原因。从现有文献来看，对于如何衡量碳排放绩效似乎达成了某种共识，即以数据包络法（DEA）为代表的度量方法成为测算效率、生产率及全要素生产率的主要路径，但 DEA 内部模型庞杂且个体特征明显，CCR、BCC、SBM、EBM 等模型的混用已成为结论无法令人信服的重要原因。与此同时，尽管选对了模型，但是大多数文献并未清晰明示测算结果为静态绩效还是动态绩效。因此，在考察碳排放绩效，特别是进行定量分析时，需要在不同角度、不同方法测算的基础上进行对比检验，尤其是需要同时考量侧重点不同的单要素碳排放绩效与全要素碳排放绩效。自孙早和侯玉琳

（2019）构建省级工业智能化后，多维度构建指标体系已成为现有研究的共识，但多数文献仅仅是在该指标上进行微调，甚至只在省级层面进行研究，在城市层面是否也能构建工业智能化指标体系？如果能，大量关键指标数据缺失的境况该如何解决；如果不能，是否有权威且可替代的度量方法？因此，对于相关指标的准确定性与权威测算应该成为研究开展的前提及研究深入的基础。

第二，样本选取、区域特征、计量方法的差异造成了同一主题结论的多样性。现有文献在对碳排放绩效影响因素进行检验时，主要从对外贸易、产业发展、城镇化水平、行政干预等多角度展开，然而，实证样本选择的行业、区域、时间段及测算方法的差异造成研究结论多样性，即对外贸易、产业发展、城镇化水平和行政干预既可能对碳排放绩效表现出正向促进效应，又可能表现出负向影响甚至不确定作用。同理，工业智能化的相关文献研究显示，工业智能化对经济增长、产业结构、劳动就业均产生多样性影响。这就意味着，工业智能化对碳排放绩效可能会产生多样性结论，即本书实证结论可能与现有文献发生冲突，因此在实证检验过程中要谨慎选取研究样本及计量方法，多角度、多维度、多口径进行验证，以确保针对特定样本数据结论的可靠性，比较本书结论与前沿文献是否一致，若一致，则寻找更深层次的作用机理；若不一致，则注意探寻造成差异的缘由。

第三，研究视角的单一成为工业智能化对碳排放绩效影响文献较少的主要原因。自全球变暖与温室效应成为人类关注的重点后，如何减少碳排放、提升碳绩效成为学术关注的热点。前沿文献普遍认为，碳排放绩效较低的成因在于粗放型经济发展方式，而促使碳排放绩效提升的根源就是要推进节约型社会建设，以助推经济朝绿色可持续方向发展。为此，多数文献从技术进步的角度研究碳排放绩效，但正如技术进步并非总表现出中性，而是可能呈现资本偏向、环境偏向、能源偏向等，特别是包括人工智能在内的智能化技术如何影响环境成为急需解决的难题。尤其是企业作为污染产生及碳绩效提升的主体，智能化与工业化融合能否改变碳排放绩效成为急需考察的问题，即工业智能化对碳排放绩效产生何种作用，这一作用在不同城市样本及条件下是否表现出差异性；工业智能化程度、阶段、维度作用效果是否一致；工业智能化作用于碳排放绩效的路径为何，不同路径是否发挥同等贡献度，应成为新一轮技术革命下的研究重点。

第3章　工业智能化
与碳排放绩效的测度及演化特征

本书旨在探究中国工业智能化进程能否和如何影响碳排放绩效，其中最关键的是对工业智能化和碳排放绩效概念的界定，以及在前沿文献研究的基础上对二者进行精准度量。为此，本章主要基于城市层面 2003—2017 年样本数据，试图回答以下问题：一是碳排放绩效如何测度，不同测度方法之间是否存在某种内在关联，基于单要素测度与全要素测度的碳排放绩效在时间维度演变趋势是否一致，区域特征是否成为碳排放绩效空间差异的关键因素；二是立足于孙早和侯玉琳（2019）对工业智能化测度方法的创新，从工业智能化基础、工业智能化能力、工业智能化效益等多维度构建城市层面工业智能化指标体系，并在基于熵权法测算工业智能化指数的基础上多角度探析中国工业智能化的发展规律，寻找区域变化差异的成因。

3.1　碳排放绩效的测度与演化特征

3.1.1　碳排放绩效的指标构建及数据来源

随着"绿水青山就是金山银山"发展理念的提出，中国以往粗放型经济发展模式已不可持续。然而，面对我国仍处于并将长期处于社会主义初级阶段的现实情境，如何在保护环境中实现经济增长，成为当前的重点，环境绩效作为能够降低经济增长环境负向影响的有效手段，受到前所未有的关注。诚然，作为全球温室效应的重要来源，在经济发展中减少碳排放已成为国际共识，作为能够打破经济发展与温室效应两难困境的碳绩效成为关注的热点。对中国而言，碳排放绩效的提升更是成为能否按时实现碳达峰、碳中和的关键因素。而对于如何测度碳排放绩效，前沿文献并未达成共识，且主要从两个方面进行表征：一是单要素碳排放绩效，即从经济后果角度出发，以碳排放强度作为反向指标或者以碳排放强度倒数（GDP与二氧化碳排放量的比值）表征（Richter and Schiersch，2017；周杰琦、汪同三，2017；周迪等，2019）；二是全要素碳排放绩效，即基于企业生产过程从要素投入、期望产出和非期望产出 3 个维度测算碳绩效（王惠等，2016；Shen et al.，2018）。总体来看，单要素碳排放绩效和全要素碳排放绩效分别从结果与过程角度对碳排放绩效进行刻画，均具有一定的代表性。因此，本书在充分借鉴 Qian 和 Schalttegger（2017）、Moussa 等（2020）、Xu 等（2021）对碳排放绩效度量的基础上，分别从单要素碳排放绩效与全要素碳排放绩效视角出发，在分类测算碳排放绩效的基础上考察不同城市及区域碳排放绩效的演变趋势。

单要素碳排放绩效采用碳排放强度的倒数表征，即 GDP 与二氧化碳排放量比值表征。

全要素碳排放绩效选取劳动、资本、能源作为投入要素，GDP、二氧化碳排放量作为产出。具体而言：①劳动投入，选取总就业人数表征；②资本投入，选择固定资本存量表示；③能源投入，选取能源消费量表示；④期望产出，选取 GDP 度量；⑤非期望产出，选择二氧化碳排放量度量。全要素碳排放绩效指标如表 3－1 所示。

表 3－1　全要素碳排放绩效指标

一级指标	二级指标	指标说明
投入指标	劳动	总就业人数
	资本	固定资本存量
	能源	能源消费量

一级指标	二级指标	指标说明
产出指标	期望产出	GDP
	非期望产出	二氧化碳排放量

在碳排放绩效测度过程中，使用的 GDP 基于 2003 年价格平减获得；二氧化碳排放量数据来自中国碳核算数据库；固定资本存量根据张军等（2004）的思路进行测算；当前能源消费数据仅存在于省级层面，地级市层面文献普遍选取城市全年用电量作为替代变量（于斌斌，2018），或者基于城市产业比重与用电比重将省级能源数据折算到地级市（Shan et al.，2017；Hu and Fan，2020），而史丹和李少林（2020）通过拟合发现，省级层面能源消费与夜间灯光具有高度正相关性，创新性地选取美国国家海洋和大气管理局（NOAA）公布的夜间灯光数据，将省级层面能源消费数据拆分到城市层面，以获得城市能源消费量。本书综合评判不同表征方法，最终选取史丹和李少林（2020）的方法测算城市层面能源消费；其余各经济变量来自《中国统计年鉴》《中国城市统计年鉴》《中国能源统计年鉴》与各省份的统计年鉴。

3.1.2 碳排放绩效的测算方法

对于碳排放绩效而言，单要素与全要素由于定义以及侧重点不同，测算方法差异明显。具体而言，单要素碳排放绩效测算较为简单；全要素碳排放绩效主要有参数法和非参数法两大类，其中，最具代表性的就是随机前沿法（SFA）和 DEA。

单要素碳排放绩效测算公式如下：

$$ceps_{it} = GDP_{it} / CO_{2it} \tag{3.1}$$

其中，$ceps_{it}$ 为 i 城市 t 年的单要素碳排放绩效，GDP_{it} 为 i 城市 t 年经过平减的 GDP，CO_{2it} 为 i 城市 t 年的二氧化碳排放量。

在测度全要素碳排放绩效的过程中，最重要的是选取合适的测算方法。通常而言，SFA 需要提前设定较为苛刻的函数形式，可能存在与实际生产情况有较大差异的缺陷（Yan et al.，2017；Wang and Li，2019），而 DEA 由于具有不需要提前设定具体函数形式和可以考虑多投入与多产出的优点，成为学者研究生态绩效与环境绩效的普遍选择（Wang and Zhao，2016；Guo et al.，2017）。因此，本书在充分借鉴前沿文献的基础上选取 DEA 模型测算全要素碳排放绩效。传统的 DEA 模型可以分为两类：一是未考虑非径向松弛变量，要求所有投入、产出同等比例扩张或缩小的 CCR 模型与 BCC 模型；二是同时考虑了非径向松弛变量，但是忽视了目标值与实际值二者间的比例，可能会造成低估效率值的 SBM 模型。面对 CCR 模型、BCC 模型及 SBM 模型可能存在的缺陷，Tone 和 Tsutsui（2010）在两种传统 DEA 模型的基础上，构建同时包含径向与非径向的 EBM 模型，该模型具有既能反映各投入要素差异，又能度量目标值与实际值比例的优势，使其在学界被广泛应用（Kim and Kim，2019；杨国涛等，2020）。然而，在常规 EBM 模型下，当多个决策单元均处于前沿有效时，各有效决策单元之间的好坏可能无法进行比较（赵鹏军等，2019）。因此，本书将能够处理多个前沿有效决策单元优劣的超效率 DEA 模型引入（Andersen and Petersen，1993），构建超效率 EBM 模型测算全要素碳排放绩效，具体测算公式如下：

$$
e^* = \min \frac{\theta - \gamma^- \sum\limits_{i=1}^{m} \dfrac{w_i^- s_i^-}{x_{ik}}}{\sigma + \gamma^+ \sum\limits_{p=1}^{t} \dfrac{w_p^+ s_p^+}{y_{pk}} + \gamma^+ \sum\limits_{o=1}^{q} \dfrac{w_o^- s_o^-}{z_{ok}}} \tag{3.2}
$$

$$
\begin{cases}
\sum\limits_{j=1}^{n} \beta_j x_{ij} + s_i^- = \theta x_{ik}, i = 1,2,\cdots,m \\[2mm]
\sum\limits_{j=1}^{n} \beta_j y_{pj} - s_p^+ = \sigma x_{ik}, p = 1,2,\cdots,t \\[2mm]
\sum\limits_{j=1}^{n} \beta_j z_{oj} + s_o^- = \sigma x_{ik}, o = 1,2,\cdots,q \\[2mm]
\qquad j = 1,2,\cdots,n \\[2mm]
\qquad \beta_j \geqslant 0, s_i^-, s_p^+, s_o^- \geqslant 0
\end{cases} \tag{3.3}
$$

在式（3.2）和式（3.3）中，e^* 为超效率 EBM 模型的最优效率值，

x_{ik}、y_{pk}、z_{ok}分别表示投入要素、期望产出和非期望产出；m、t、q分别为投入要素、期望产出和非期望产出的种类；s_i^-为投入要素的松弛变量，s_p^+为期望产出的松弛变量，s_o^-为非期望产出的松弛变量；w_i^-为投入要素的指标权重，w_p^+为期望产出的指标权重，w_o^-为非期望产出的指标权重；θ是径向条件下的效率；γ为非径向部分的重要程度，其取值为 $0 \leqslant \gamma \leqslant 1$。

3.1.3 碳排放绩效的演化特征分析

基于 3.1.1 的指标构建与 3.1.2 的测算方法，本书分别从单要素碳排放绩效与全要素碳排放绩效两个角度测算碳排放绩效。2003—2017 年全国层面单要素碳排放绩效的演变特征如图 3-1 所示。从单要素视角来看，我国碳排放绩效从 2003 年的 12.50 降至 2017 年的 10.32，年均降低 1.2%。然而，单要素碳排放绩效在 2017 年突然出现了大幅下降，在忽略 2017 年数据之后，年均降低率从 1.20% 变为 0.46%，呈现出缓慢下降的趋势。2003—2017 年全国层面全要素碳排放绩效的演变特征如图 3-2 所示。基于全要素视角，我国碳排放绩效呈现先增加后减少趋势。总体来看，从 2003 年的 0.72 降至 2017 年的 0.42，年均降低 2.8%。与单要素碳排放绩效一致，全要素碳排放绩效也在 2017 年出现大幅降低，在同样忽略 2017 年数据后，全要素碳排放绩效基本维持不变。由此可知，单要素碳排放绩效与全要素碳排放绩效基本呈现相同的演变趋势。从现有研究来看，袁润松等（2016）通过 SBM 模型对2001—2012 年省域绿色低碳生产率研究发现，低碳生产率的变动趋势呈现明显的时间差异，即以 2005 年为时间节点，全国层面碳生产率在 2005 年之前，显著降低，而在 2006 年之后大幅上升；李小平等（2020）基于 SBM 模型对 2003—2017 年省级碳生产率进行测算发现，整体而言，碳生产率呈现缓慢上涨趋势；于向宇等（2021）基于 SE-SBM 模型测算中国省级层面 2005—2017 年碳排放绩效，结果显示，中国整体碳排放绩效为 0.5，并且不同省份演变趋势存在明显差异，其中，上海、北京、山东等 16 个省份表现出上升态势，而山西、河南、海南等 14 个省份呈波动下降态势；陈飞等（2022）对上海市 1995—2019 年空间碳绩效演变趋势进行分析发现，碳排放绩效整体呈现先降低再升高最后缓慢上升的"S"形特征。上述研究结论与本书存在明显差别，可能是因为样本选择存在差别，即前述文献均基于省级数据进行测算，而本书主要在城市层面展开研究。在城市层面，王少剑等（2020）基于超效率 SBM模型对 283 个城市 1992—2013 年碳排放绩效进行测度发现，中国整体碳排放绩效较低，呈倒"U"形发展趋势，其中，2002 年达到最大值 0.62，之后逐渐降低，从侧面印证了本书结论。

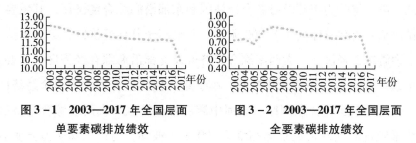

图 3 - 1　2003—2017 年全国层面　　　图 3 - 2　2003—2017 年全国层面
　　单要素碳排放绩效　　　　　　　　　　全要素碳排放绩效

　　众所周知，中国幅员辽阔，各地区经济发展、产业结构及资源属性存在较大差异，那么碳排放绩效在不同区域间是否表现出明显的差异呢？为此，本书借鉴国务院发展研究中心的划分方法，将原东部、中部、西部的区域划分模式改为八大经济区：东部沿海综合经济区、北部沿海综合经济区、南部沿海综合经济区、长江中游综合经济区、黄河中游综合经济区、大西北综合经济区、大西南综合经济区、东北综合经济区，分类考察各经济区碳排放绩效的差异及动态演变特征，其中，各经济区所辖地区如表 3 - 2 所示。

表 3 - 2　八大经济区及其所辖地区

经济区	所辖地区
东部沿海综合经济区	江苏、浙江、上海
北部沿海综合经济区	北京、天津、河北、山东
南部沿海综合经济区	福建、广东、海南
长江中游综合经济区	湖南、湖北、安徽、江西
黄河中游综合经济区	山西、河南、陕西、内蒙古
大西北综合经济区	甘肃、宁夏、青海、新疆、西藏

经济区	所辖地区
大西南综合经济区	四川、重庆、云南、贵州、广西
东北综合经济区	辽宁、吉林、黑龙江

在对经济区进行划分的基础上，本书根据各经济区所辖范围测度单要素碳排放绩效与全要素碳排放绩效并进行横向比较，测算结果及区域排名如表3-3所示。从单要素碳排放绩效角度来看，八大经济区可划分为3个梯队，第一梯队为南部沿海综合经济区和东部沿海综合经济区，其单要素碳排放绩效指数整体处于8.000附近，明显高于其他经济区；第二梯队为长江中游综合经济区、大西南综合经济区及北部沿海综合经济区，单要素碳排放绩效指数处在7.600左右，小于第一梯队但显著大于剩余经济区；第三梯队为东北综合经济区、黄河中游综合经济区、大西北综合经济区，单要素碳排放绩效指数整体围绕7.200上下波动，与第二梯队差异明显。从全要素碳排放绩效的角度来看，第一梯队为南部沿海综合经济区、东部沿海综合经济区和北部沿海综合经济区，全要素碳排放绩效指数均在0.550左右；第二梯队为长江中游综合经济区、东北综合经济区、大西南综合经济区与黄河中游综合经济区，全要素碳排放绩效指数整体在0.450附近；第三梯队为大西北综合经济区，全要素碳排放绩效指数为0.400。综合来看，尽管在不同测算标准下，碳排放绩效及其区域梯度存在差异，但是仍然存在某种内在契合，即碳排放绩效的区域差异与经济发展趋势基本一致，富有地区的碳排放绩效水平更高，从侧面印证了富有者并没有"为富不仁"，而是表现出"富有责任"。这与董直庆等（2020）的研究结论不谋而合，可能的原因是财富的创新选择效应与富有者对绿色产品的需求，促使生产企业不断进行包含绿色技术在内的技术革新（Del Río et al.，2015；Arranz et al.，2019；董直庆、王辉，2021），提升了碳排放绩效并降低了环境污染。

表3-3 区域碳排放绩效

经济区	单要素碳排放绩效		全要素碳排放绩效	
	指数	排名	指数	排名
南部沿海综合经济区	8.080	1	0.609	1
东部沿海综合经济区	7.969	2	0.551	2
长江中游综合经济区	7.737	3	0.466	4
大西南综合经济区	7.706	4	0.451	6
北部沿海综合经济区	7.632	5	0.548	3
东北综合经济区	7.375	6	0.462	5
黄河中游综合经济区	7.197	7	0.441	7
大西北综合经济区	7.174	8	0.400	8

为了从纵向角度探究不同区域内部碳排放绩效的动态演变趋势，本书基于核密度估计图及特定年份，分别绘制2003年、2008年、2013年、2017年不同区域单要素碳排放绩效和全要素碳排放绩效的核密度图（见图3-3和图3-4）。

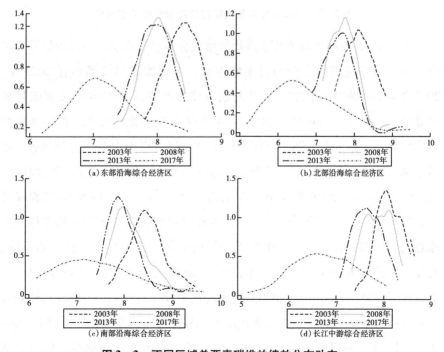

图3-3 不同区域单要素碳排放绩效分布动态

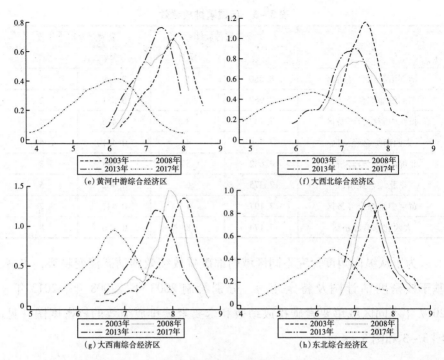

图 3 - 3　不同区域单要素碳排放绩效分布动态（续）

由图 3 - 3 不同区域单要素碳排放绩效分布动态可知，东部沿海综合经济区变动趋势呈现正态分布且主峰左移，单要素碳排放绩效在 2003 年、2017 年具有不断下降的特点；北部沿海综合经济区 2003 年单要素碳排放绩效呈正态分布，2008 年、2013 年和 2017 年出现侧峰形态，但可预见侧峰值较小，总体来看，随着时间延续主峰值仍表现出向左移动的趋势，暗示北部沿海综合经济区单要素碳排放绩效表现出下降趋势；南部沿海综合经济区 2003 年、2008 年、2017 年表现出正态分布，2013 年出现侧峰形态，但侧峰相对于主峰来说较小，且主峰也随着时间的延续不断左移，意味着南部沿海综合经济区的单要素碳排放绩效与全国样本一样不断下降；长江中游综合经济区 2003 年、2013 年、2017 年图像表现出正态分布特征，而 2008 年出现双峰，但主要年份仍表现出主峰左移的趋势，即在总体趋势上长江中游单要素碳排放绩效表现出下降特征；黄河中游综合经济区 2003 年、2013 年、2017 年表现出正态分布特征，2008 年出现侧峰，但是依然未改变主峰左移的事实，证明黄河中游综合经济区单要素碳排放绩效也呈下降态势；大西北综合经济区各年份均表现正态分布形态，且主峰不断左移意味着大西北综合经济区单要素碳排放绩效不断下降；大西南综合经济区 2003 年、2013 年、2017 年表现出正态分布，2008 年出现侧峰，但是不改变整体主峰左移与单要素碳排放绩效下降形态；东北综合经济区各年份单要素碳排放绩效呈现正态分布，随着时间的推移主峰不断向左平移，其中，2003 年、2008 年、2013 年主峰移动范围较小，而 2017 年主峰表现出大幅左移，表明东北综合经济区单要素碳排放绩效呈缓慢下降趋势，但在 2017 年出现大幅下降。总体来看，各区域单要素碳排放绩效与全国演变趋势基本一致，即整体呈现缓慢下降的趋势。

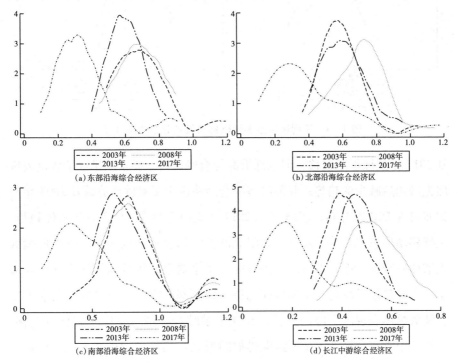

图 3 - 4　不同区域全要素碳排放绩效分布动态

由图 3 - 4 不同区域全要素碳排放绩效分布动态可知，东部沿海综合经济区 2008 年与 2013 年全要素碳排放绩效呈现正态分布形式，2003 年与 2017 年出现侧峰，整体来看，主峰从 2003 年到 2013 年呈现右移，2013 年

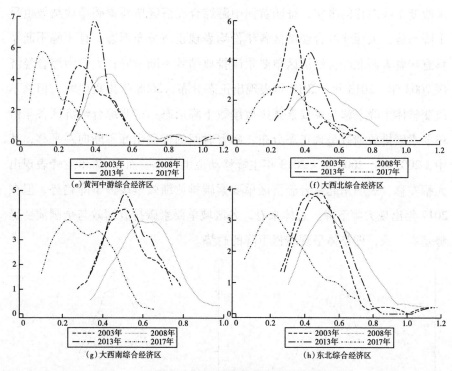

图 3-4 不同区域全要素碳排放绩效分布动态（续）

到 2017 年主峰不断左移，即东部沿海综合经济区全要素碳排放绩效也表现出先增加后减少的趋势；北部沿海综合经济区全要素碳排放绩效 2003 年与 2008 年呈现正态分布，2013 年与 2017 年则出现侧峰，但不影响整体趋势，主峰移动形态先右移后左移，表明北部沿海综合经济区全要素碳排放绩效先增加后减少；南部沿海综合经济区各年全要素碳排放绩效均出现侧峰形态，主峰整体呈现向左不断偏移趋势，即南部沿海综合经济区全要素碳排放绩效总体表现出下降的态势；长江中游综合经济区主峰先右移后左移，即长江中游综合经济区全要素碳排放绩效表现出先增加后减少趋势；黄河中游综合经济区各年份均出现侧峰形态，且在 2003 年、2008 年出现主峰右移，2013 年、2017 年出现主峰左移的变动，暗示黄河中游综合经济区全要素碳排放绩效也呈现小幅增加而最终减少态势；大西北综合经济区 2003 年与 2013 年出现侧峰形态，2008 年与 2017 年表现为正态分布，综合形态与其他各区域完全一致，即全要素碳排放绩效先增加后减少；大西南综合经济区 2013 年出现侧峰，其余年份出现双峰形态，但仍基本表现为先增加后减少的态势；东北综合经济区全要素碳排放绩效在各年份均出现侧峰，但侧峰值相对较小，从主峰的转移形态来看，2008 年主峰相对于 2003 年来说向右移动，表明全要素碳排放绩效呈现增加趋势，而 2008 年、2013 年、2017 年主峰又不断向左移动，意味着全要素碳排放绩效减少，即东北综合经济区全要素碳排放绩效表现出先增加后减少的演变态势。总体来说，各区域全要素碳排放绩效与全国演变趋势基本一致，即呈现出先增加后缓慢下降的趋势。综合单要素碳排放绩效与全要素碳排放绩效来看，各区域演变趋势基本与全国形态一致，即分别表现出缓慢下降和先增加后减少的演变特征。

在对整体与区域碳排放绩效分析的基础上，考察各城市单要素碳排放绩效与全要素碳排放绩效的时空分布格局。由数据可得，从横向来看，单要素碳排放绩效较高的主要有深圳、广州、厦门、茂名、福州等东部区域城市，且均属于服务业较为发达的城市，而单要素碳排放绩效较低的城市主要集中于吕梁、铁岭、大同、双鸭山、阜新等中部及东北地区，且大多数属于严重依赖自然资源的资源依赖型城市。由此可知，单要素碳排放绩效分布呈现明显的区域差异，第三产业发达地区的单要素碳排放绩效较高，而资源依赖型城市较低，意味着在助推碳排放绩效提升时应重点关注资源型城市。从纵向来看，2003—2017 年，无论是排名较高的城市还是排名较低的城市，单要素碳排放绩效均呈现不同程度的下降趋势。这表明，近年来，中国大多数城市的经济增长完全依赖高能耗，是以牺牲环境为代价获取的。

3.2　工业智能化的测度与演化特征

3.2.1　工业智能化的指标构建及数据来源

工业智能化，是指人工智能技术与先进制造充分融合，以智能系统置换体力劳动与脑力劳动，助推全产业与全社会智能化改造的新型生产方式，进而对经济社会的各个领域产生深远影响。事实上，前沿文献对于如何精准度量工业智能化并没有达成可供参考的共识。最具代表性的是孙早和侯玉琳（2019）从智能化基础、应用与收益 3 个方面构建综合指数进行表征。为此，本书充分借鉴其思路与方法，将省级层面工业智能化拓展到城市层面。具体而言，从工业智能化基础、工业智能化能力、工业智能化效益 3 个维度构建 12 个细分指标并经过熵权法合成工业智能化指数。各细分指标定义如下。工业智能化基础主要包括 3 个方面。①智能化设备：采用工业机器人渗透率表示。需要指出的是，当前国际机器人联合会（IFR）仅公布各国分行业与分用途机器人数据，而没有具体到地级市层面的机器人使用数量，因此，本书基于分行业就业人数将国家层面数据分解到地级市，并据此计算出各城市机器人渗透率，为正向指标。②智能化人员：采用信息传输、计算机服务和软件业从业人员数与总从业人数之比表征，为正向指标。③智能化环境：选取电信业务总量与 GDP 之比度量，为正向指标。工业智能化能力主要包括 6 个方面。①高端智能制造：采用智能仪器生产、智能装备与设备、人工智能等企业数和总企业数比值表示，为正向指标。②信息智慧安全：选取信息与智能安全、网络信息安全、数据安全等企业数与总企业数之比度量，为正向指标。③计算机网络服务：选取计算机网络运营、互联网服务等企业数和总企业数比值表示，为正向指标。④软件与信息技术：选择软件开发服务、信息处理与软件推广、信息采集与集成等企业数和总企业数之比度量，为正向指标。⑤大数据处理：采用数据存储与处理、数据库构建、大数据等企业数与总企业数比值表征，为正向指标。⑥物联网技术：采用智能物流与仓储、区块链技术、物联网设备等企业数与总企业数之比表征，为正向指标。工业智能化效益主要包括 3 个方面。①经济效益：采用规模以上工业企业产品销售收入与规模以上工业总产值之比表示，为正向指标。②智能化效益：选择人工智能专利与总专利数之比表征，为正向指标。③社会效益：选取各城市地区生产总值与用电量比值度量，为正向指标。

在上述指标度量与测算中，工业机器人数据来自 IFR 公布的各国机器人数据；计算机网络服务、软件与信息技术、大数据处理、高端智能制造、信息智慧安全、物联网技术中各企业数来自天眼查微观企业数据库，通过定义与识别企业经营范围并经网络爬虫获取；人工智能专利数据在确定人工智能关键词的基础上，借助 Python 等软件爬虫获得；各城市专利数经手动检索得到；其余各变量来自《中国统计年鉴》《中国区域经济统计年鉴》《中国城市统计年鉴》及各省份统计年鉴。

3.2.2　工业智能化的测算方法

在构建多维度工业智能化指标体系后，如何确定各指标在总体指数中的权重成为研究的重点。综观现有文献，确定指标体系权重的方法主要有两种：主观赋权法和客观赋权法。其中，主观赋权法包括专家咨询法、直接赋权法、层次分析法等，主要指研究领域专家、学者依据个体生活经验及文献结论直接对各指标体系赋予不同权重，具有较强的个人主观性；客观赋权法主要包括变异系数法、多目标规划法、熵权法等，其不受样本数据之外的环境制约，而仅对数据本身特征及各细分指标间的内在联系进行赋权，其评价过程及结果不受人为因素干扰，具有较好的客观性。在众多客观赋权法中，作为改进传统 TOPSIS 方法的熵权法除具有客观反映各指标体系重要程度的优势外，还能通过估算不同方案实际结果与理想值间的相近度评估不同备选方案的优劣，得到了众多学者的认可与采用（江婉舒等，2021；Sengthongkham，2021）。为此，本书基于熵权法测度工业智能化各指标体系权重并合成城市层面工业智能化指数，测算步骤如下。

第一步，需要对样本数据进行标准化处理，正向指标与逆向指标采取不同的标准化方法。

正向指标：

$$T_{ij} = \frac{z_{ij} - \min(z_j)}{\max(z_j) - \min(z_j)} \tag{3.4}$$

逆向指标：

$$T_{ij} = \frac{\max(z_j) - z_{ij}}{\max(z_j) - \min(z_j)} \tag{3.5}$$

其中，T_{ij} 为标准化处理后的样本数据，z_{ij} 为各指标体系数据的原始值，$\min(z_j)$ 为各指标体系原始值中的最小值，$\max(z_j)$ 为各指标体系原始值中的最大值。

第二步，求解标准化后的各城市每年的 j 指标所占的权重。

$$P_{ij} = \frac{T_{ij}}{\sum_{i=1}^{m} T_{ij}} \tag{3.6}$$

第三步，求得 j 指标的熵值。

$$E_j = -s \sum_{i=1}^{m} P_{ij} \ln P_{ij} \tag{3.7}$$

其中，$s = 1/\ln m$。

第四步，计算 j 指标的权重。

$$w_j = \frac{1 - E_j}{\sum_{j=1}^{m} (1 - E_j)} \tag{3.8}$$

第五步，计算工业智能化综合指数。

$$X_i = \sum_{i=1}^{m} w_j T_{ij} \tag{3.9}$$

3.2.3　工业智能化的演化特征分析

基于前述指标体系与测算方法，本节分别测算城市层面工业智能化及其3个维度指数。全国层面工业智能化的演变趋势如图3-5所示。整体而言，我国工业智能化水平呈现不断上升趋势，从2003年的0.04增至2017年的0.36，年均增长率为57%。从现有文献角度来看，王文（2020）选择以工业机器人安装密度作为工业智能化的代理变量，研究指出，中国机器人安装量自1993年开始呈现不断增加的态势，特别是陆续出台的一系列有关智能制造的政策促使机器人安装量呈现跨越式增长；王书斌（2020）在从工业智能化基础建设、工业智能化生产应用、工业智能化竞争力等多角度构建中国工业智能化体系的基础上，基于2005—2015年样本数据与主因素分析法测算发现，无论是分东部、中部、西部地区还是从整体趋势来看，工业智能化水平均呈现缓慢上涨的态势；刘军等（2022）同样从基础投入、生产应用与市场效益等维度构建智能化指标体系，在基于层次分析法与熵权法分别测算各指标权重的基础上，选取等权重加权平均法进行评估，研究指出，在 3 种维度中生产应用所占的份额最大，从时间趋势来看，2010—2016 年，中国制造业智能化从 12.22 增至 19.90，呈现稳固上升趋势。综合来看，文献研究结论与本书基本一致，证实了本书测算结果的可靠性。从分维度角度来看，2003—2017 年，全国层面工业智能化基础呈稳步上升态势，具体而言，从 2003 年的 0.001 增至 2017 年的 0.318，年均增长率达到 22.64%，如图 3-6 所示；2003—2017 年，全国层面工业智能化能力总体表现出不断增加的趋势，从数值来看，由 2003 年的 0.0006 增至 2017 年的 0.0009，年均增长率达到 3.6%，如图 3-7 所示；2003—2017 年，全国层面工业智能化效益总体呈现曲折上升的态势，尽管在 2009—2013 年表现出较为明显的下降，但仍然不改长期稳步上升的趋势，如图 3-8 所示。总体来看，工业智能化及各维度均呈现缓慢上升的态势。

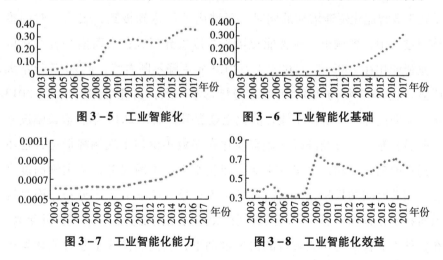

图 3-5　工业智能化　　　　图 3-6　工业智能化基础

图 3-7　工业智能化能力　　　　图 3-8　工业智能化效益

与碳排放绩效一样，为了考察不同区域工业智能化的演变趋势，本书继续从八大经济区进行分析。如图 3-9 所示，东部沿海综合经济区工业智能化出现在 2003 年、2008 年、2013 年、2017 年主峰逐渐右移的倾向，但主峰高度呈现先增加后减少的态势，意味着在工业智能化水平逐渐增加的同时，区域中城市工业智能化水平先集中后分散，最后呈现扁平化；北部沿海综合经济区工业智能化在 2003 年、2008 年、2013 年、2017 年分布趋势与东部沿海综合经济区较为一致，即尽管整体表现出上升形态但显示出先集中后分散的特征；南部沿海综合经济区工业智能化在 2003 年分布较为集中，即各城市工业智能化差别不大，2008 年出现侧峰形态，但与主峰差距较大，2013 年与 2017 年逐渐向扁平化角度发展，即各城市间差距开始拉大，城市个体特征作用开始凸显，从时间趋势整体来看仍表现出主峰右移态势，即南部沿海综合经济区工业智能化逐渐增大，但不同城市间增长幅度存在较大差异；长江中游综合经济区工业智能化在 2003 年与 2008 年均出现侧峰形态，但不改变主峰右移的趋势，暗示工业智能化也在不断增加；黄河中游综合经济区工业智能化在 2003 年出现双峰形态，表明城市内部工业智能化两极分化较为严重，但综合来看仍与其他区域一样，表现出缓慢增长的趋势，且区域内城市间异质性明显；大西北综合经济区工业智能化在 2003—2017 年主峰也不断右移，但 2017 年几乎变成一条横线，暗示在工业智能化逐渐增加的同时，区域内差异达到极致，表明在时间推移的过程中，各城市工业智能化增长幅度差异巨大；大西南综合经济区工业智能化在 2003 年、2008 年、2013 年主峰不断右移，但 2017 年不太明显，且 2017 年与 2013 年动态趋势基本一致，由此可知，2003—2013 年，大西南综合经济区工业智能化逐渐提升，而在 2013 年后增长幅度不太明显；东北综合经济区工业智能化在多数年份均出现侧峰形态，但主峰仍不断向右移动，表明其工业智能化水平在不断提升，从主峰高度来看，随着时间的推移，区域内各城市不再呈现明显的正态分布，而是逐渐向扁平化方向发展，暗示区域间的差距开始出现。总体来看，近年来，在各种工业智能化相关政策的快速推动下，八大经济区工业智能化均表现出增长态势，这与王书斌（2020）的研究结论一致。

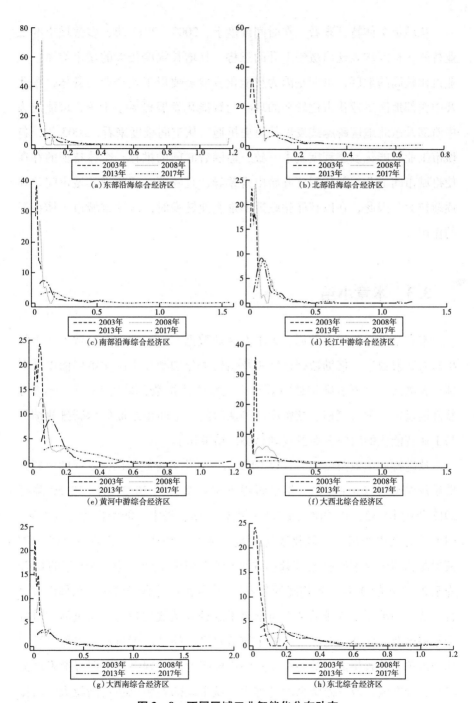

图 3-9　不同区域工业智能化分布动态

从城市个体特征来看，在时间维度上，2003—2017 年，多数城市的工业智能化程度均表现出缓慢上升的态势，且增长幅度较大的城市均属于工业占比较高的地区，可能是因为智能化发展需要以工业企业为载体，东北及中西部地区工业化占比较高的现状为智能化发展提供了土壤，可能成为中西部及东北地区跨越式发展的历史机遇。从空间维度来看，2003 年，各城市工业智能化发展程度基本一致，但随着时间的推移，个体特征的存在使得城市间工业智能化程度开始出现差异，且随着时间的推移城市间差异逐渐拉大，因此，在以智能化政策助推企业转型时，应注重城市个体特征的作用。

3.3 本章小结

本章基于城市样本数据、天眼查企业数据、人工智能专利数据、国际机器人联盟数据，借助数据包络法及熵权法分别测算中国城市层面单要素碳排放绩效、全要素碳排放绩效和工业智能化指数，采用 Excel、Stata 等软件通过折线图、表格、核密度图等从时间、空间多维度展示碳排放绩效与工业智能化的时空分布及变动趋势，结果如下。

从碳排放绩效角度来看，以 GDP 与二氧化碳排放量比值表征的单要素碳排放绩效在 2003—2017 年呈缓慢下降趋势，从 2003 年的 12.50 降至 2017 年的 10.32，年均降低 1.2%；而以劳动、资本、能源作为投入要素，GDP 作为期望产出，二氧化碳排放量作为非期望产出，借助超效率 EBM 模型测算的全要素碳排放绩效呈先增加后减少的趋势，从 2003 年的 0.72 降至 2017 年的 0.42，年均降低 2.8%。南部沿海综合经济区、东部沿海综合经济区的单要素碳排放绩效与全要素碳排放绩效均较高，而黄河中游综合经济区及大西北综合经济区处于较低水平。核密度图显示，多数区域内部城市单要素碳排放绩效与全要素碳排放绩效均呈现由集中向分散发展的趋势，即在碳排放绩效降低的过程中，城市间的差距也在逐渐拉大。碳排放绩效空间分布呈现明显的非对等性，深圳、广州、厦门等东部沿海及服务业发达城市碳排放绩效较高，而吕梁、铁岭、定西等中西部及东北地区城市碳排放绩效较低。从整体来看，多数城市单要素碳排放绩效均缓慢降低，而全要素碳排放绩效呈先增加后减少的趋势。

从工业智能化角度来看，基于工业智能化基础、工业智能化能力、工业智能化效益等多维度构建的指标体系，经熵权法测算各指标权重合成工业智能化指数，在2003—2017年呈缓慢上升的态势，从2003年的0.04增至2017年的0.36，年均增长率为57%。工业智能化基础与工业智能化能力呈增长的趋势，而工业智能化效益表现出"增长—下降—增长—下降"的交错式特征，但总体来看仍表现出不断上升的态势。核密度图显示，各区域工业智能化基本呈右移趋势，但随着时间的延续表现出扁平化，表明各经济区工业智能化均显著提升，但越来越平均化，即区域内城市个体间工业智能化差异变大。在工业智能化缓慢增长的过程中，工业占比较高的地区增长幅度通常更大，城市间差距也逐渐拉大。

第4章　工业智能化对碳排放绩效影响的效应分析

自我国向世界庄严承诺"2030年前实现碳达峰、2060年前实现碳中和"以来，如何在不影响经济发展的前提下实现碳减排成为前沿研究的热点。大量文献表明，提高碳排放绩效可能成为打破经济发展与碳减排两难困境的重要路径。众所周知，工业发展作为碳排放的重要来源，理应通过产业转型和产业融合促进能源利用效率与碳排放绩效的提升，而随着包括《中国制造2025》等智能化文件的不断推出，将智能化引入工业化实现制造业生产升级成为新一轮技术革命的着力点。那么，中国工业智能化发展是否有助于碳排放绩效的提升呢？这一作用方向是否受制于碳排放绩效的测算方法呢？中国工业智能化对碳排放绩效的影响是否依赖于工业智能化自身差异及城市个体特征呢？工业智能化程度、阶段与维度和城市规模、区位与资源属性在其中发挥着何种作用？为了更好地探究上述问题，本书在前文构建测算的碳排放绩效与工业智能化指标基础上，选取城市面板数据实证检验工业智能化与碳排放绩效的关系，并深入探究高、中、低程度工业智能化、不同时间段、工业智能化维度、大中小城市、八大经济区、资源依赖型和非资源依赖型等智能化与城市差异下工业智能化对碳排放绩效的作用效果。

4.1　工业智能化对碳排放绩效影响的效应检验

4.1.1　模型构建与指标说明

本书前述内容虽然分别从文献梳理和理论模型层面多角度探究中国工业智能化与碳排放绩效的关系，但是仍缺乏令人信服的经验证据。为此，本部分从定量角度出发，分别检验工业智能化对单要素碳排放绩效和全要素碳排放绩效的影响，以期为探究工业智能化与碳排放绩效提供数据支撑。计量回归模型设定如下：

$$ceps_{it} = \beta_0 + \beta_1\, ind_{it} + \beta_2\, X_{it} + \sigma_i + \tau_t + \varepsilon_{it} \tag{4.1}$$

$$cepa_{it} = \beta_0 + \beta_1\, ind_{it} + \beta_2\, X_{it} + \sigma_i + \tau_t + \varepsilon_{it} \tag{4.2}$$

其中，被解释变量 $ceps_{it}$ 表示 i 城市 t 年的单要素碳排放绩效，$cepa_{it}$ 表示 i 城市 t 年的全要素碳排放绩效；解释变量 ind_{it} 表示 i 城市 t 年的工业智能化程度，X_{it} 为一组包含经济发展（gdp）、交通设施（trf）、环境规制（enr）、外商投资（fdi）、城镇化水平（urb）、金融发展（fin）等在内的控制变量集合，σ_i 表示城市固定效应，τ_t 表示时间固定效应，ε_{it} 表示随机干扰项。

碳排放绩效分为单要素碳排放绩效（$ceps$）与全要素碳排放绩效（$cepa$），其中，单要素碳排放绩效（$ceps$）采用城市 GDP 与二氧化碳排放量的比值表征；全要素碳排放绩效（$cepa$）运用 MaxDEA 软件基于包含径向与非径向的超效率 EBM 模型测算得出，具体测算方法如本章所述。对于如何有效衡量绩效，现有文献主要从两个方面展开研究：一是基于单要素维度，如周迪等（2019）选择碳排放强度反向表征碳排放绩效；二是综合考察要素投入与产出的全要素维度，如于向宇等（2021）在界定要素投入、期望产出与非期望产出后基于 SE – SBM 模型测算碳排放绩效。总体来看，单要素碳排放绩效更加注重从经济后果出发，而全要素碳排放绩效能够综合考察碳排放过程中各种要素投入与技术变化过程。为此，本书分别选取单要素碳排放绩效与全要素碳排放绩效考察工业智能化的作用效果。

工业智能化（ind）基于前文构建的指标体系采用熵权法测算得出。

作为内生于机器设备的新型技术，工业智能化除具有一般工业化改变企业生产方式与产业组织柔性的特征外，更重要的是，其将智能化融入了工业化进程，进一步打破产业边界塑造了新模式与新业态。对于如何精准测度地区工业智能化水平，现有文献更多地基于工业机器人数量与机器人安装密度等单一指标表征，在孙早和侯玉琳（2019）提出从生产设施投入、智能化应用和收益 3 个方面构建指标体系后，综合性指标逐渐成为研究的主流（王书斌，2020）。

经济发展（*gdp*）借鉴邵帅等（2019）的思路采用各城市人均实际 GDP 表征，其中，实际 GDP 以 2003 年为基期进行折算。环境库兹涅茨曲线指出，经济发展与环境污染呈倒"U"形关系，即在经济发展过了某一拐点后污染排放将会不断减少（Grossman and Krueger，1992），这意味着经济发展本身就是治理环境污染的重要手段。通常而言，高水平的经济发展伴随的环保意识觉醒使消费者更加注重消费品生产链的环境污染问题，倒逼生产厂商进行绿色供应链管理；另外，环保理念的兴起使非正式环境规制逐渐成为影响政府行为的关键因素，人民对碧水蓝天的向往助推政府部门采取更严苛的措施提升包括碳排放绩效在内的环境绩效。交通设施（*trf*）借鉴郑军等（2021）的度量方法选择各城市人均道路面积表征。通常来说，交通设施在提升城市空间可达性与时间便捷性的过程中必然伴随高投入（何文举等，2019），由此引发的边际效应减少甚至会导致无效投入的产生，引起碳排放绩效下降；与此同时，包含私家车在内的大量私人交通工具的急剧增加也必然无助于碳排放效率的提升（袁长伟等，2017）。环境规制（*enr*）借鉴林伯强和谭睿鹏（2019）的思路选取各城市工业固体废物综合利用率表示。提升碳排放绩效的关键在于提升能源利用率，"倒逼效应论"通常认为，地方政府严苛的环境规制标准通过波特效应、产业结构优化与能源结构低碳化实现能源效率和生产效率的双赢，最终促使碳排放绩效提升（马海良、董书丽，2020）。但仍有文献指出，作为生产端的企业，在面对一系列高标准的环保要求时，更倾向于选择快速见效的末端治理，而不是成本较高的绿色技术革新，从而无益于碳排放绩效的改善。外商投资（*fdi*）借鉴董直庆和王辉（2021）的表征方法选取各城市外商直接投资额与 GDP 的比值度量。对于外商投资如何影响东道国的污染排放，"污染避难说"指出，外商投资在带来落后产能促进东道国经济发展的同时增加环境污染；而"污染光环说"认为，国际贸易中伴随的先进技术与管理理念有助于提升东道国环境治理能力。当前，在中国不断打开国门的现实情境下，借助外商投资提升碳排放效率成为打破经济增长与节能减排两难困境的有益尝试，因此，在考察碳排放绩效的演变趋势时，外商投资成为不容忽视的因素。城镇化水平（*urb*）选取人口城镇化率与土地城镇化率的均值度量。随着"绿水青山就是金山银山"论断的提出，低碳城镇化成为中国高质量发展的必由之路，而提升碳排放绩效更是成为实现可持续发展的关键一环。现有文献普遍认为，城镇化进程推进诱发的产业集聚与经济集聚尽管可能在短期内提升二氧化碳排放，但从长期来看，规模经济的存在将使技术朝着提升碳排放绩效的方向进步（刘婕、魏玮，2014）。现有文献通常从人口城镇化、产业城镇化和土地城镇化等角度度量城镇化水平（刘晨跃、徐盈之，2017），其中，人口城镇化往往更具有代表性，但通常会高估城镇化水平。为此，本书采用人口城镇化与土地城镇化的均值表征城镇化水平，其中，人口城镇化选择城镇人口与总人口的比值表征，土地城镇化采用建成区面积与总面积之比表征。金融发展（*fin*）参考朱若然和陈贵富（2019）的思路选取各城市年末金融机构存贷款总额和 GDP 的比值度量。Shahbaz 等（2013）的研究指出，从长期来看，地区金融发展水平与二氧化碳排放存在着动态均衡，即一方面完善的金融体系能够为有意愿通过技术进步提升碳绩效与降低碳排放的企业提供充足资金；另一方面具有社会责任感的公司更倾向于通过降低能耗维护自身环保形象，以期换取资本市场的好感。诚然，金融发展并不总是带来环境污染的减少与碳排放绩效的提升，较易获取的金融贷款可能使企业盲目扩大粗放型生产规模而非进行技术研发，反而不利于碳绩效的提升。与此同时，在宽松的金融环境下，个体更倾向于通过贷款购置并使用包括大型家电在内的高碳排放设备，自身利益的存在容易降低对碳排放的关注，从而削减消费型企业通过技术提升碳绩效的动力（Sadorsky，2010；严成樑等，2016）。具体而言，各指标说明如表4－1所示。

表4－1　指标说明

变量名称	变量表征	度量方法
单要素碳排放绩效	$ceps$	GDP/二氧化碳排放量
全要素碳排放绩效	$cepa$	超效率EBM模型测算
工业智能化程度	ind	熵权法测算
经济发展	gdp	GDP/人口
交通设施	trf	道路面积/人口
环境规制	enr	工业固体废物综合利用率
外商投资	fdi	外商直接投资/GDP
城镇化水平	urb	（人口城镇化率＋土地城镇化率）/2
金融发展	fin	年末金融机构存贷款总额/GDP

4.1.2　基于单要素碳排放绩效视角的分析

为从实证层面验证工业智能化对单要素碳排放绩效的影响，本书基于模型（4.1）进行检验，检验结果如表4－2所示。其中，模型1至模型3为逐步加入经济发展与交通设施、环境规制与外商投资、城镇化水平与金融发展等控制变量的回归结果。结果显示，在逐步加入控制变量的过程中，工业智能化系数仅存在大小差异（0.0532、0.0530、0.0528），但均在10%的显著性水平上为正，表明工业智能化能有效提升城市碳排放绩效。为了进一步验证前述结论，本书通过测度城市机器人渗透率替代综合性指标重新检验工业智能化对单要素碳排放绩效的影响，机器人渗透率根

据公式 $\sum_{i=1}^{n} \dfrac{l_{jit_0}}{\sum_{j=1}^{m} l_{jit_0}} \times \dfrac{rob_{it}}{l_{it_0}}$ 进行测度。其中，m 和 n 分别代表城市与行业数

量；l 为劳动力数量；rob 表示机器人数量；由于本书样本从2003年开始，将基期 t_0 定义为2003年。检验结果如模型4至模型6所示。结果显示，无论加入控制变量与否，工业智能化系数均在1%的显著性水平上为正，与综合指数结果基本一致，从侧面证实了工业智能化对碳排放绩效的促进作

用。这一结论与黄海燕等（2021）的研究结果基本一致。

表 4 - 2　工业智能化对单要素碳排放绩效影响的实证检验

变量	模型 1	模型 2	模型 3	模型 4	模型 5	模型 6
ind	0.0532 *	0.0530 *	0.0528 *	0.261 ***	0.263 ***	0.245 ***
	(0.0310)	(0.0311)	(0.0295)	(0.0224)	(0.0225)	(0.0215)
gdp	0.119 ***	0.118 ***	0.112 ***	0.116 ***	0.115 ***	0.109 ***
	(0.0186)	(0.0186)	(0.0176)	(0.0167)	(0.0166)	(0.0160)
trf	− 0.0088 ***	− 0.0088 ***	− 0.0082 **	− 0.0092 ***	− 0.0091 ***	− 0.0084 ***
	(0.0033)	(0.0033)	(0.0032)	(0.0031)	(0.0031)	(0.0030)
enr		0.0361 **	0.0342 **		0.0402 **	0.0382 **
		(0.0160)	(0.0149)		(0.0175)	(0.0164)
fdi		− 0.0278	− 0.0393		− 0.0442 ***	− 0.0531 ***
		(0.0214)	(0.0261)		(0.0167)	(0.0203)
urb			− 0.255 ***			− 0.169 ***
			(0.0607)			(0.0573)
fin			− 0.0028 **			− 0.0025 ***
			(0.0011)			(0.0010)
_ *cons*	8.9410 ***	8.9200 ***	9.0270 ***	8.6220 ***	8.5970 ***	8.6990 ***
	(0.130)	(0.130)	(0.127)	(0.0848)	(0.0855)	(0.0859)
时间	Yes	Yes	Yes	Yes	Yes	Yes
地区	Yes	Yes	Yes	Yes	Yes	Yes
N	4202	4202	4202	4202	4202	4202
R^2	0.919	0.919	0.924	0.927	0.927	0.931

注：括号内数值为稳健标准误，***、**、*分别表示在1%、5%与10%的水平上显著。（下同）

从控制变量的角度来看，经济发展（*gdp*）在模型3与模型6中系数均在1%显著性水平上为正，表明随着经济发展水平的提高，碳排放绩效将会得到改善，这一结论与沈能和周晶晶（2018）的研究较为相似，可能是因为经济较为发达的城市往往对高技能劳动与高新技术产业有更强的吸引力，使得城市具有更强动力进行偏向于环保产业的自选择更替，倒逼碳排放绩效提升。交通设施（*trf*）在模型3与模型6中系数分别在5%、1%显著性水平上为负，表明交通设施建设不利于碳排放绩效的提升，这一结论得到了袁长伟等（2017）研究的支持。内在根源是，中国仍处于从发展中国家转向发达国家的过程中，人民收入水平的提高增加了对便捷与舒适交通的期许，私家车的大量普及与能源的大量消耗均可能降低碳排放绩效。环境规制（enr）系数在模型3与模型6中均在5%显著性水平上为正，意味着环境规制的增强有助于碳排放绩效的增加。李珊珊和马艳芹（2019）的研究也证实，在某种前置条件下，环境规制能够改善全要素碳排放效率，间接验证了本书结论。内在的原因为，尽管短期经济效益的存在使得企业更偏向于末端治理，但当环境规制被作为一种长期执行的政策时，末端治理的高成本与间断性效果提高了企业的生产成本，企业更倾向于选择能够从源头提升碳排放绩效的技术革新。外商投资（fdi）系数在模型3与模型6中均为负，这一结论印证了周杰琦等（2016）的研究，可能是因为尽管中国环保要求不断提升，但在当前阶段外商投资仍更多地集聚在劳动密集型与低端制造业，可能无助于碳排放绩效的提升。城镇化水平（urb）系数在模型3与模型6中均显著为负，表明随着城镇化进程的推进，可能会降低碳排放绩效，这一结论也得到了王鑫静和程钰（2020）的印证。可能是因为我国的城镇化仍处于半城镇化进程，大量进城居民并未享受到足够的教育医疗及公共设施服务，城市建设的推进与居民生活方式的改变能够在一定程度上降低碳排放绩效。金融发展（fin）在模型3与模型6中系数均显著为负，表明金融发展不利于碳排放绩效的提升。本书从侧面证实了李德山等（2018）的研究，即当前金融发展对碳排放绩效的影响仍处于"U"形关系的左端。可能的原因是，在金融体系发展的过程中，企业短期业绩增长成为金融机构决定是否放贷的关键因素，由此引发的信贷错配与绿色信贷不足将反噬碳排放绩效。

尽管表4-2的实证结果证实了工业智能化有助于单要素碳排放绩效的提升，而且已通过更改工业智能化表征方式进行了检验，但是仍可能存在指标选取与样本筛选的误差。为此，本书从样本筛选、数据缩尾与替换解释变量3个维度出发再次验证前述结论的可靠性。①样本筛选。为了更好地促进经济低碳环保发展，2010年，国家发展改革委发布了低碳城市试点政策，准备在广东、湖北、辽宁、云南、陕西 5 个省份和重庆、天津、保定、厦门、南昌、深圳、贵阳、杭州 8 个城市开展政策试点。因此，为了排除外生政策干预带来的影响，本书剔除试点省份及城市样本数据进行重新检验，以确定工业智能化是否真的有助于单要素碳排放绩效的提升，检验结果如表 4 - 3 模型 1 所示。结果显示，在剔除试点省份及城市样本后，工业智能化系数依然显著为正，与基准回归方向完全一致，表明前述研究结论的可靠性。②数据缩尾。在数据收集与整理过程中，由于原始数据可能存在误差，样本数据往往存在若干不符合常理的异常值，可能会降低实证结果的可信性，为此本书通过对样本数据进行缩尾处理排除可能的误差，检验结果如表 4 - 3 模型 2 与模型 3 所示。其中，模型 2 为对样本数据进行 5% 缩尾。模型 3 为对样本数据进行 10% 缩尾，检验结果显示，在分别进行 5% 与 10% 缩尾后，工业智能化系数均在 1% 显著性水平上为正，与基准回归结果相比显著性明显提升，表明异常值的存在可能弱化了工业智能化对碳排放绩效的促进作用，从侧面验证了前述结论的准确性。③替换解释变量。如前文所述，在测算综合性工业智能化指数细分指标权重时采用了熵权法，因此本书更换权重测算方法，基于纵横向拉开档次法重新测算城市工业智能化水平并进行检验，实证结果如表 4 - 3 模型 4 所示。由表 4 - 3 模型 4 可知，以纵横向拉开档次法测算工业智能化后，系数在 1% 的水平上显著为正，即工业智能化有助于单要素碳排放绩效的提升，表明基准回归结论的可靠性。

表 4 - 3　工业智能化对单要素碳排放绩效影响的稳健性检验

变量	模型 1	模型 2	模型 3	模型 4
	样本筛选	数据缩尾 5%	数据缩尾 10%	纵横向拉开档次法
ind	0.0908 **	0.178 ***	0.222 ***	2.719 ***
	(0.0414)	(0.0375)	(0.0448)	(0.297)
gdp	0.173 ***	0.186 ***	0.217 ***	0.111 ***
	(0.0252)	(0.0216)	(0.0225)	(0.0166)
trf	- 0.0093 **	- 0.0186 ***	- 0.0185 ***	- 0.0090 ***
	(0.0046)	(0.0038)	(0.0037)	(0.0030)

续表

变量	模型1	模型2	模型3	模型4
	样本筛选	数据缩尾5%	数据缩尾10%	纵横向拉开档次法
enr	0.0917***	−0.0053	−0.0112	0.0433***
	(0.0289)	(0.0172)	(0.0178)	(0.0159)
fdi	−0.0741**	−0.6540***	−0.5290***	−0.0315
	(0.0327)	(0.173)	(0.192)	(0.0248)
urb	−0.2890***	−0.0366	−0.0202	−0.1580***
	(0.0729)	(0.0523)	(0.0530)	(0.0573)
fin	−0.0024**	−0.0238***	−0.0271***	−0.0025**
	(0.0010)	(0.0047)	(0.0064)	(0.0011)
_cons	8.7310***	8.2500***	8.1780***	8.3350***
	(0.1490)	(0.0957)	(0.0769)	(0.1230)
时间	Yes	Yes	Yes	Yes
地区	Yes	Yes	Yes	Yes
N	3145	4202	4202	4202
R^2	0.930	0.933	0.923	0.929

在上述基准回归与稳健性检验中，本书通过样本筛选、数据缩尾及替换解释变量等不同方法验证了工业智能化与单要素碳排放绩效的关系，但是估计结果仍可能存在偏误。为此，本书借鉴丁从明等（2018）的思路从可能遗漏变量、不可观测变量及工具变量3种方法出发降低可能存在的内生性对实证结果的影响。遗漏变量的存在或许是造成结果偏误的重要原因，为此，本书在前述经济发展、交通设施、环境规制、外商投资、城镇化水平、金融发展的基础上，进一步寻求可能影响碳排放绩效的关键变量。韩峰和谢锐（2017）、王许亮等（2020）从不同角度出发考察服务业发展与碳排放及碳生产率的关系，表明服务业发展能够提升碳排放绩效。为此，本书引入第三产业占比表征服务业发展水平，考察控制服务业发展后工业智能化对碳排放绩效的作用效果，实证结果如表4-4模型1所示，工业智能化系数仍然在10%的显著性水平上为正，与基准回归结论一致。何文举等（2019）的研究表明，区域碳生产效率与碳排放均存在空间集

聚，人口密度对碳排放的影响展现出正"N"形特征。为此，本书选取单位面积上的人口数表征人口密度，进一步检验在控制人口密度后工业智能化系数如何发生变化，检验结果如表4-4模型2所示。在加入人口密度控制变量后，工业智能化系数显著性并没有发生变化，表明工业智能化确实有助于碳排放绩效的提升。在研究碳排放绩效的众多文献中，碳汇水平通常被用作控制变量（周迪等，2019），为此采用建成区绿化覆盖率表征碳汇水平并作为控制变量引入回归，实证结果如表4-4模型3所示。在加入碳汇水平后，工业智能化系数依然显著为正，证明了基准结论的可靠性。在模型4中，本书将服务业发展、人口密度与碳汇水平同时引入，工业智能化系数显著性没有发生明显变化，即在控制可能的遗漏变量后，前述结论依然成立。

表 4-4　可能的遗漏变量检验

变量	模型 1	模型 2	模型 3	模型 4
ind	0.0529 *	0.0536 *	0.0524 *	0.0533 *
	(0.0295)	(0.0294)	(0.0294)	(0.0292)
gdp	0.1120 ***	0.1210 ***	0.1130 ***	0.1240 ***
	(0.0176)	(0.0192)	(0.0177)	(0.0192)
trf	-0.0082 **	-0.0067 **	-0.0090 ***	-0.0078 **
	(0.0032)	(0.0031)	(0.0032)	(0.0032)
enr	0.0341 **	0.0349 **	0.0347 **	0.0358 **
	(0.0149)	(0.0153)	(0.0149)	(0.0153)
fdi	-0.0393	-0.0375	-0.0398	-0.0380
	(0.0261)	(0.0251)	(0.0265)	(0.0255)
urb	-0.2560 ***	-0.2480 ***	-0.2590 ***	-0.2530 ***
	(0.0607)	(0.0607)	(0.0605)	(0.0605)
fin	-0.0028 **	-0.0028 **	-0.0028 **	-0.0028 **
	(0.0011)	(0.0011)	(0.0011)	(0.0011)
sid	0.0026			0.0026
	(0.0017)			(0.0016)
pod		0.3100 ***		0.3520 ***
		(0.1030)		(0.1200)

续表

变量	模型1	模型2	模型3	模型4
csi			− 0.0590	− 0.0882 **
			(0.0495)	(0.0392)
_ *cons*	9.0250 ***	8.9490 ***	9.0530 ***	8.9760 ***
	(0.127)	(0.134)	(0.128)	(0.135)
时间	Yes	Yes	Yes	Yes
地区	Yes	Yes	Yes	Yes
N	4202	4202	4202	4202
R^2	0.924	0.925	0.925	0.925

在探寻可能影响碳排放绩效要素的过程中,总是存在若干不可观测变量,这些遗漏变量可能成为干扰实证结果的重要因素。为此,本书借鉴Altonji 等(2005)、Nunn 和 Wantchekon(2011)的思路与做法,基于前文实证结果估计不可观测变量的作用。估算方法如下:根据实证过程中控制变量的多少设定两个对照组,有限变量组与控制变量组,其中,有限变量组仅加入若干组变量,而控制变量组加入全部变量。将有限变量组回归过程中工业智能化系数设定为 α,控制变量组回归过程中工业智能化系数设定为 β,根据公式 $\varepsilon = |\beta / (\alpha - \beta)|$ 与 1 的大小估算不可观测变量的影响。一般地,若 α 与 β 较为接近,则表明对于已知的控制变量来说,加入前后核心解释变量系数并未发生明显变化;对于不可观测的变量来说,只有对被解释变量产生远大于已知变量的影响,才有可能改变基准结果(丁从明等,2018)。通常来说,文献认为,当 $\varepsilon > 1$ 时,不可观测变量的影响可以忽略不计,即不可能存在不可观测变量对被解释变量的影响是可观测变量影响的 1 倍以上。为此,本书分别构建 3 组有限变量组与控制变量组,考察不可观测变量的作用。其中,第一组有限变量组为解释变量、经济发展和交通设施,控制变量组为全部控制变量;第二组有限变量组为解释变量、经济发展、交通设施、环境规制、外商投资,控制变量组为全部控制变量;第三组有限变量组为全部控制变量,控制变量组为全部控制变量、服务业发展、人口密度、碳汇水平。经前述公式计算可得 ε 值分别为

132.0、264.0 和 106.6，均值为 167.5，基本可以排除不可观测变量对估计结果的影响，即不可能存在不可观测变量对单要素碳排放绩效的影响是已控制变量影响的 167.5 倍。

表 4－5　不可观测变量的影响检验

有限变量组	控制变量组	ε
解释变量、经济发展、交通设施	全部控制变量	132.0
解释变量、经济发展、交通设施、环境规制、外商投资	全部控制变量	264.0
全部控制变量	全部控制变量、服务业发展、人口密度、碳汇水平	106.6

　　基准回归与稳健性结论证实了工业智能化有助于单要素碳排放绩效的提升，但反向因果的存在引发的内生性问题可能会导致实证结果出现偏误，降低本书实证的可信性，即在政府明确要求减少碳排放与提升碳排放绩效的现实情境下，企业可能通过推进工业智能化实现节能减排。为此，本书通过寻找工业智能化工具变量的方法缓解可能存在的内生性问题。通常而言，外生性与相关性是选取工具变量需要遵循的必要条件，即工具变量与被解释变量不相关，而与解释变量相关，也可以说，解释变量是工具变量影响被解释变量的唯一路径（宁光杰、张雪凯，2021）。因此，本书一是借鉴韦东明等（2021）的方法选取美国工业机器人渗透率作为工业智能化的工具变量，选取的内在原因是中美同属世界制造业大国，面对新一轮技术革命的不断兴起，美中相继出台"再工业化"和《中国制造 2025》等计划，两国在智能制造领域的竞争日趋激烈，因此从相关性角度来看，美国工业机器人渗透率在一定程度上会影响中国工业智能化进程，而较为明显的是美国工业机器人安装不会影响中国碳排放绩效，即满足外生性条件，因此该工具变量的选择较为合理；二是借鉴 Fisman 和 Svensson（2007）、孙早和侯玉琳（2021）的思路选取同省份其他城市工业智能化程度作为工业智能化工具变量，本省内部其他城市工业智能化程度能够影响该城市工业智能化水平而不对该城市碳排放绩效产生影响，满足相关性与

外生性要求，因此作为工具变量是合适的。工具变量的回归结果如表 4 – 6
所示，其中，模型 1 与模型 2 是以美国工业机器人渗透率（Iv_1）为工具变
量的回归结果。结果显示，第一阶段工具变量系数在 1% 的显著性水平上
为正，表明美国机器人渗透率与中国工业智能化正相关；第二阶段工业智
能化系数在 1% 显著性水平上为正，表明在考虑内生性问题后，中国工业
智能化依然能够促进碳排放绩效提升，同时弱工具变量检验 F 值为 18.11，
排除弱工具变量可能。模型 3 与模型 4 是以同省份其他城市工业智能化
（Iv_2）作为工具变量的检验结果，其中，第一阶段回归结果中，工具变量
系数在 1% 显著性水平上为正，第二阶段工业智能化系数在 5% 显著性水平
上为正，弱工具变量 F 值为 17.14，大于 10，表明在以工具变量解决内生
性问题后，工业智能化对碳排放绩效的影响依然稳健。

表 4 – 6　工具变量检验

变量	模型 1 第一阶段	模型 2 第二阶段	模型 3 第一阶段	模型 4 第二阶段
Iv_1	0.0856 *** (0.0069)			
Iv_2			0.5231 *** (0.0475)	
ind		1.961 *** (0.233)		0.299 ** (0.119)
gdp	−0.0123 (0.0093)	0.131 *** (0.0249)	−0.0076 (0.0081)	0.114 *** (0.0174)
trf	0.0033 * (0.0018)	−0.0143 *** (0.0046)	0.0029 * (0.0015)	−0.0090 *** (0.0031)
enr	0.0062 (0.0095)	0.0278 (0.0171)	−0.0039 (0.0074)	0.0334 ** (0.0138)
fdi	−0.0008 (0.0102)	−0.0451 (0.0332)	−0.0043 (0.0092)	−0.0401 (0.0258)
urb	−0.0036 (0.0287)	−0.150 * (0.0777)	−0.0419 (0.0273)	−0.242 *** (0.0588)

变量	模型 1	模型 2	模型 3	模型 4
	第一阶段	第二阶段	第一阶段	第二阶段
fin	0.0002	−0.0030**	−0.0000	−0.0028**
	(0.0003)	(0.0015)	(0.0002)	(0.0011)
_*cons*	−0.0978**	8.7290***	0.0854**	8.9890***
	(0.0460)	(0.1160)	(0.0382)	(0.1150)
时间	Yes	Yes	Yes	Yes
地区	Yes	Yes	Yes	Yes
F	18.11		17.14	
N	4202	4202	4202	4202
R^2	0.568	0.775	0.587	0.922

4.1.3　基于全要素碳排放绩效视角的分析

正如前文所述，单要素碳排放绩效更加注重从经济后果角度出发反向考察环境污染问题，而忽视蕴含于企业生产过程中的技术变化、规模经济等引发的绩效改善，因此，基于要素投入产出的全要素碳排放绩效从生产过程角度出发能更好地表征经济行为。为此，本书在前文测算城市层面全要素碳排放绩效的基础上，基于模型（4.2）重新检验工业智能化对碳排放绩效的作用，检验结果如表 4 - 7 所示。与表 4 - 2 一样，表 4 - 7 模型 1 至模型 3 为逐步增加控制变量经济发展与交通设施、环境规制与外商投资、城镇化水平与金融发展的回归结果。结果显示，无论加入控制变量与否以及加入何种控制变量，工业智能化系数均在 1% 显著性水平上为正，表明基于全要素碳排放绩效视角，工业智能化依然能够带来碳排放绩效的提升。与此同时，本书继续采用机器人渗透率替换工业智能化综合性指数进行实证检验，检验结果如表 4 - 7 模型 4 至模型 6 所示，机器人渗透率的检验结果与工业智能化综合性指数除系数大小存在差异外，均在 1% 显著性水平上为正，验证了本书基本结论。

从控制变量的角度来看，经济发展系数在 1% 显著性水平上为正；交通设施系数在1%显著性水平上为负；环境规制系数在1%显著性水平上为正；外商投资系数显著为负；城镇化水平系数显著为负；金融发展系数在1%显著性水平上为负。这表明经济发展与环境规制有助于促进全要素碳排放绩效的提高，而交通设施、外商投资、城镇化水平、金融发展均不利于全要素碳排放绩效的提升。总体来看，表4－7各控制变量系数方向与表4－2基本一致。

表4－7　工业智能化对全要素碳排放绩效影响的实证检验

变量	模型1	模型2	模型3	模型4	模型5	模型6
ind	0.0507***	0.0507***	0.0504***	0.0585***	0.0592***	0.0553***
	(0.0137)	(0.0137)	(0.0137)	(0.0068)	(0.0067)	(0.0068)
gdp	0.0522***	0.0520***	0.0508***	0.0511***	0.0509***	0.0499***
	(0.0073)	(0.0072)	(0.0072)	(0.0071)	(0.0071)	(0.0071)
trf	−0.0065***	−0.0065***	−0.0064***	−0.0065***	−0.0064***	−0.0063***
	(0.0014)	(0.0014)	(0.0014)	(0.0014)	(0.0014)	(0.0014)
enr		0.0159***	0.0156***		0.0170***	0.0166***
		(0.0049)	(0.0048)		(0.0052)	(0.0051)
fdi		−0.0133*	−0.0155*		−0.0168**	−0.0185**
		(0.0080)	(0.0091)		(0.0068)	(0.0077)
urb			−0.0630***			−0.0455**
			(0.0210)			(0.0204)
fin			−0.0005***			−0.0005***
			(0.0001)			(0.0001)
_*cons*	0.5560***	0.5470***	0.5710***	0.4900***	0.4800***	0.5030***
	(0.0513)	(0.0512)	(0.0503)	(0.0382)	(0.0379)	(0.0384)
时间	Yes	Yes	Yes	Yes	Yes	Yes
地区	Yes	Yes	Yes	Yes	Yes	Yes
N	4202	4202	4202	4202	4202	4202
R^2	0.786	0.787	0.790	0.791	0.792	0.794

表4－7的实证结果显示，工业智能化能够促使全要素碳排放绩效提升，而样本选择的偏误和异常值的存在可能影响本书实证结论的可靠性。为此，本书从剔除直辖市样本、数据缩尾5%、替换解释变量与替换被解

释变量4个维度进行实证检验，稳健性检验结果如表4-8所示。①剔除直辖市样本。众所周知，与一般城市相比，直辖市拥有独特的政治及经济资源，巨大的竞争优势使其更易受到政策倾斜。为此，本书在总体样本中剔除直辖市样本，重新检验工业智能化对全要素碳排放绩效的影响，实证结果如表4-8模型1所示，工业智能化系数依然在1%显著性水平上为正，与基准回归结果基本一致，证明了工业智能化对全要素碳排放绩效的促进作用，表明了基本结论的可靠性。②数据缩尾5%。与表4-3的缘由一样，异常值的存在可能成为干扰本书结论的重要因素，为此，本书对所有变量进行数据缩尾5%处理，以重新检验工业智能化的作用效果，实证结果如表4-8模型2所示，工业智能化系数在1%显著性水平上为正，验证了基准回归结论的可靠性。③替换解释变量。为进一步考察工业智能化对全要素碳排放绩效的作用方向，本书采用纵横向拉开档次法合成的工业智能化指标重新检验，结果如表4-8模型3所示，工业智能化系数依然在1%显著性水平上为正，表明在替换工业智能化指标后，其对全要素碳排放绩效的正向作用依然存在，证实了基准结论的稳健性。④替换被解释变量。在前文回归中，本书采用超效率EBM模型测算的碳排放绩效作为被解释变量，为了考察实证结果的稳健性，采用超效率SBM模型重新测算碳排放绩效并进行检验，检验结果如表4-8模型4所示，工业智能化系数为0.0569，与基准回归结果一样均在1%显著性水平上为正，证实了结论的可靠性。

表4-8 工业智能化对全要素碳排放绩效影响的稳健性检验

| 变量 | 模型1 | 模型2 | 模型3 | 模型4 |
	剔除直辖市样本	数据缩尾5%	替换解释变量	替换被解释变量
ind	0.0420***	0.0697***	0.8290***	0.0569***
	(0.0133)	(0.0145)	(0.1170)	(0.0145)
gdp	0.0471***	0.0841***	0.0504***	0.0573***
	(0.0071)	(0.0081)	(0.0070)	(0.0080)
trf	-0.0059***	-0.0084***	-0.0066***	-0.0092***
	(0.0014)	(0.0015)	(0.0014)	(0.0017)

变量	模型 1	模型 2	模型 3	模型 4
	剔除直辖市样本	数据缩尾 5%	替换解释变量	替换被解释变量
enr	0.0157 ***	0.0056	0.0185 ***	0.0160 ***
	(0.0048)	(0.0073)	(0.0050)	(0.0053)
fdi	−0.0152 *	−0.1220 *	−0.0131	−0.0149
	(0.0090)	(0.0642)	(0.0087)	(0.0104)
urb	−0.0532 **	−0.0083	−0.0353 *	−0.1070 ***
	(0.0211)	(0.0167)	(0.0201)	(0.0202)
fin	−0.0005 ***	−0.0067 ***	−0.0004 ***	−0.0004 ***
	(0.0001)	(0.0011)	(0.0001)	(0.0001)
_cons	0.5610 ***	0.4030 ***	0.3650 ***	0.4500 ***
	(0.0241)	(0.0376)	(0.0528)	(0.0685)
时间	Yes	Yes	Yes	Yes
地区	Yes	Yes	Yes	Yes
N	4142	4202	4202	4202
R^2	0.789	0.793	0.794	0.800

在研究工业智能化的过程中，控制变量的选取成为实证结论是否可靠的重要决定因素。然而，受文献研究与实证分析的局限，不能涵盖所有可能的控制变量集，由此造成的遗漏变量可能成为影响本书结论可靠性的关键。为缓解可能的遗漏变量的影响，本书选取可能影响全要素碳排放绩效的服务业发展水平、人口密度与碳汇水平，实证检验在控制可能的遗漏变量后本书实证是否发生变化以及发生何种变化，各变量测算与表 4-4 一致，实证结果如表 4-9 所示。其中，模型 1 为加入服务业发展水平后的回归结果，工业智能化系数依然在 1% 显著性水平上为正，表明在控制服务业发展水平后，工业智能化依然有助于全要素碳排放绩效的提升，表明服务业发展水平这一可能的遗漏变量并不影响本书实证结论的可靠性；模型 2 为加入人口密度后的回归结果，在控制可能的遗漏变量人口密度后工业智能化系数依然在 1% 显著性水平上为正，与基准回归仅存在系数大小差异，表明人口密度这一可能的遗漏变量并不影响

本书结论；模型 3 为加入可能的遗漏变量碳汇水平后的回归结果，工业智能化系数与方向依然未发生明显变化，意味着碳汇水平并不影响工业智能化对全要素碳排放绩效的作用效果；模型 4 为同时加入可能的遗漏变量服务业发展水平、人口密度与碳汇水平后的实证结果，工业智能化的作用效果依然稳健，即在控制可能存在的遗漏变量后，工业智能化依然能够显著提升全要素碳排放绩效。

表 4-9　可能的遗漏变量检验

变量	模型 1	模型 2	模型 3	模型 4
ind	0.0504 ***	0.0507 ***	0.0506 ***	0.0507 ***
	(0.0137)	(0.0137)	(0.0137)	(0.0137)
gdp	0.0508 ***	0.0539 ***	0.0505 ***	0.0535 ***
	(0.0072)	(0.0078)	(0.0072)	(0.0078)
trf	-0.0064 ***	-0.0059 ***	-0.0061 ***	-0.0057 ***
	(0.0014)	(0.0014)	(0.0014)	(0.0014)
enr	0.0156 ***	0.0158 ***	0.0154 ***	0.0157 ***
	(0.0048)	(0.0049)	(0.0048)	(0.0049)
fdi	-0.0155 *	-0.0149 *	-0.0153 *	-0.0148 *
	(0.0091)	(0.0088)	(0.0090)	(0.0087)
urb	-0.0626 ***	-0.0605 ***	-0.0615 ***	-0.0594 ***
	(0.0210)	(0.0209)	(0.0209)	(0.0209)
fin	-0.0005 ***	-0.0005 ***	-0.0005 ***	-0.0005 ***
	(0.0001)	(0.0001)	(0.0001)	(0.0001)
sid	-0.0011 ***			-0.0011 ***
	(0.0002)			(0.0002)
pod		0.1030 **		0.0957 **
		(0.0441)		(0.0421)
csi			0.0232	0.0153
			(0.0220)	(0.0205)
_cons	0.5720 ***	0.5450 ***	0.5610 ***	0.5410 ***
	(0.0503)	(0.0536)	(0.0511)	(0.0542)
时间	Yes	Yes	Yes	Yes

变量	模型 1	模型 2	模型 3	模型 4
地区	Yes	Yes	Yes	Yes
N	4202	4202	4202	4202
R^2	0.790	0.791	0.790	0.791

在考察可能的遗漏变量影响后，不可观测变量的存在依然可能成为干扰工业智能化对全要素碳排放绩效作用的因素，为此本书和前述表 4 - 5 一样，基于现有文献从计量方面考察不可观测变量的作用。本部分依然构建 3 个可以互相对照的有限变量组与控制变量组：第一组有限变量组为解释变量、经济发展、交通设施，控制变量组为全部控制变量；第二组有限变量组为解释变量、经济发展、交通设施、环境规制、外商投资，控制变量组为全部控制变量；第三组有限变量组为全部控制变量，控制变量组为全部控制变量、服务业发展、人口密度、碳汇水平。3 个对照组的 ε 值分别为 168.00、168.00 和 169.00，均值为 168.33（见表 4 - 10），意味着不可观测变量影响只有达到可观测变量影响的 168.33 倍才可能干扰本书结论，即基本可以排除不可观测变量对本书实证结果的影响。

表 4 - 10　不可观测变量的影响检验

有限变量组	控制变量组	ε
解释变量、经济发展、交通设施	全部控制变量	168.00
解释变量、经济发展、交通设施、环境规制、外商投资	全部控制变量	168.00
全部控制变量	全部控制变量、服务业发展、人口密度、碳汇水平	169.00

在排除可能的遗漏变量与不可观测变量影响后，依然无法忽视反向因果的存在对本书结论的干扰。为此，与表 4 - 6 类似，本书寻求可靠的工具变量以缓解内生性的影响，正如前文所述，美国机器人渗透率与同省份其他城市工业智能化程度可以作为工业智能化的工具变量。工具变量检验结果如表 4 - 11 所示。其中，模型 1 与模型 2 是以美国机器人渗透率作为工具变量的实证结果，结果显示，第一阶段工具变量系数在 1% 显著性水平

上为正，表明美国机器人渗透率与工业智能化程度相关，满足相关性条件，弱工具变量检验 F 值为 18.11，大于 10，排除了工具变量为弱工具变量的可能；第二阶段工业智能化系数在 1% 显著性水平上为正，意味着在以工具变量排除内生性后，工业智能化依然能够促进全要素碳排放绩效的提升，表明基准回归结论的可靠性。模型 3 与模型 4 为以同省份其他城市工业智能化程度为工具变量的回归结果，结果显示：第一阶段工具变量系数在 1% 显著性水平上为正，表明同省份其他地区工业智能化水平的提升有助于本城市工业智能化程度的改善，符合相关性条件，弱工具变量检验 F 值为 17.14，大于 10，排除弱工具变量可能；第二阶段检验结果显示，工业智能化系数在 1% 显著性水平上为正，表明在以同省份其他城市工业智能化程度缓解内生性后，工业智能化依然能够促进全要素碳排放绩效提升。综上所述，在分别选取美国机器人渗透率与同省份其他城市工业智能化程度作为工具变量后，本书实证结论依然可靠。

表 4-11　工具变量检验

变量	模型 1	模型 2	模型 3	模型 4
	第一阶段	第二阶段	第一阶段	第二阶段
Iv_1	0.0856 ***			
	(0.0069)			
Iv_2			0.5231 ***	
			(0.0475)	
ind		0.4320 ***		0.2580 ***
		(0.0764)		(0.0409)
gdp	-0.0123	0.0547 ***	-0.0076	0.0530 ***
	(0.0093)	(0.0072)	(0.0081)	(0.0069)
trf	0.0033 *	-0.0076 ***	0.0029 *	-0.0071 ***
	(0.0018)	(0.0014)	(0.0015)	(0.0013)
enr	0.0062	0.0143 ***	-0.0039	0.0149 ***
	(0.0095)	(0.0051)	(0.0074)	(0.0046)
fdi	-0.0008	-0.0167 *	-0.0043	-0.0162 *
	(0.0102)	(0.0101)	(0.0092)	(0.0094)

续表

变量	模型 1	模型 2	模型 3	模型 4
	第一阶段	第二阶段	第一阶段	第二阶段
urb	- 0.0036	- 0.0418 *	- 0.0419	- 0.0515 **
	(0.0287)	(0.0221)	(0.0273)	(0.0207)
fin	0.0002	- 0.0006 ***	- 0.00001	- 0.0006 ***
	(0.0003)	(0.0002)	(0.0002)	(0.0001)
_cons	- 0.0977 **	0.5120 ***	0.0857 **	0.5390 ***
	(0.0460)	(0.0406)	(0.0382)	(0.0432)
时间	Yes	Yes	Yes	Yes
地区	Yes	Yes	Yes	Yes
F	18.11		17.14	
N	4202	4202	4202	4202
R^2	0.568	0.702	0.587	0.764

4.2　工业智能化差异对碳排放绩效影响的效应分析

4.2.1　工业智能化程度视角下的效应分析

前文基准回归与稳健性检验均证实工业智能化能够显著提升碳排放绩效，那么这是否意味着在不同程度下工业智能化均表现出正向作用呢？答案显然是不一定的。众所周知，基准回归检验的结果表示的是一种平均效应，忽视了工业智能化内部的差异性，为此本书深入智能化发展内部，深度检验不同智能化水平下工业智能化对碳排放绩效的作用差异。本书首先基于实证数据得出各城市在样本期内的工业智能化均值，其次经过对工业智能化均值进行排序将城市划分为低等程度工业智能化水平、中等程度工业智能化水平和高等程度工业智能化水平。然而，需要提醒的是，由于城市样本量无法准确平均分配，本书将临界点上的样本城市均归于更高程度的样本体系内，实证检验结果如表 4 - 12 模型 1 至模型 3 和表 4 - 13 模型 1 至模型 3 所示。与此同时，本书将临界点上城市样本划归于更低程度的样本体系进行稳健性检验，检验结果如表 4 - 12 模型 4 至模型 6 和表 4 - 13 模型 4 至模型 6 所示。具体而言，对于单要素碳排放绩效来说，在低等程度工业智能化样本中，工业智能化对单要素碳排放绩效影响系数为负但不显著，表明在工业智能化初始发展阶段，单要素碳排放绩效并未受到明显影响；在中等程度工业智能化样本检验中，工业智能化显著提升了单要素碳排放绩效，证实了工业智能化正向影响的存在；在高等程度工业智能化样本检验中，工业智能化系数不显著，表明高等程度工业智能化对单要素碳排放绩效没有明显影响。总体来看，在工业智能化发展初期和成熟阶段，无法对单要素碳排放绩效发挥作用，仅在工业智能化发展成为中等程度时才可能发挥明显效应。可能的原因是，包括工业智能化在内的新兴技术发展初期均需要大量的要素投入与不断试错，粗放型发展模式的存在更容易降低能源效率与环境绩效；而随着智能化不断成熟和水平提高，技术的应用和新型设备的投入均处于均衡状态，跨越式清洁技术的短缺会造成碳排放绩效按照固有模式演化，无法再呈现出显著的促进作用。

表 4 - 12　工业智能化程度对单要素碳排放绩效的影响

变量	模型 1	模型 2	模型 3	模型 4	模型 5	模型 6
	低等程度工业智能化	中等程度工业智能化	高等程度工业智能化	低等程度工业智能化	中等程度工业智能化	高等程度工业智能化
ind	- 0.0319	0.6450 ***	- 0.0069	- 0.0520	0.6580 ***	- 0.0111
	(0.2990)	(0.1930)	(0.0317)	(0.2990)	(0.1910)	(0.0318)
gdp	0.0769 ***	0.0784 ***	0.1830 ***	0.0784 ***	0.0823 ***	0.1800 ***
	(0.0197)	(0.0271)	(0.0331)	(0.0198)	(0.0276)	(0.0328)
trf	- 0.0017	- 0.0094	- 0.0187 ***	- 0.0018	- 0.0098 *	- 0.0184 ***
	(0.0036)	(0.0059)	(0.0064)	(0.0037)	(0.0059)	(0.0063)
enr	0.0223	0.0067	0.0432 *	0.0189	0.0045	0.0444 *
	(0.0292)	(0.0304)	(0.0246)	(0.0293)	(0.0305)	(0.0253)
fdi	- 0.1660 ***	- 0.0297	- 0.2520 ***	- 0.1550 ***	- 0.0299	- 0.2510 ***
	(0.0626)	(0.0210)	(0.0952)	(0.0511)	(0.0214)	(0.0951)
urb	- 0.2130 *	- 0.3380 ***	- 0.1960 *	- 0.2070 *	- 0.3360 ***	- 0.2010 *
	(0.1170)	(0.0866)	(0.1040)	(0.1170)	(0.0862)	(0.1040)

变量	模型1	模型2	模型3	模型4	模型5	模型6
	低等程度工业智能化	中等程度工业智能化	高等程度工业智能化	低等程度工业智能化	中等程度工业智能化	高等程度工业智能化
fin	−0.0157 ***	−0.0050 ***	−0.0019 ***	−0.0148 ***	−0.0051 ***	−0.0019 ***
	(0.0037)	(0.0015)	(0.0005)	(0.0032)	(0.0015)	(0.0005)
_cons	7.9730 ***	7.9660 ***	8.7430 ***	7.9690 ***	7.9630 ***	8.7570 ***
	(0.0636)	(0.0643)	(0.1860)	(0.0636)	(0.0646)	(0.1840)
时间	Yes	Yes	Yes	Yes	Yes	Yes
地区	Yes	Yes	Yes	Yes	Yes	Yes
N	1395	1401	1406	1410	1416	1391
R^2	0.921	0.935	0.929	0.920	0.934	0.930

表4-12的实证结果显示，只有中等程度工业智能化能够显著促进单要素碳排放绩效提升，那么这一结论是否也在全要素碳排放绩效下成立呢？为此，本书继续在前述分类下基于城市层面样本数据检验不同程度工业智能化对全要素碳排放绩效的作用差异（见表4-13）。由表4-13模型1与模型4结果可知，工业智能化系数在10%显著性水平上为负，表明低等程度工业智能化反而不利于全要素碳排放绩效的提升；由表4-13模型2与模型5实证结果可得，工业智能化系数在5%显著性水平上为正，表明中等程度工业智能化对全要素碳排放绩效发挥正向作用；由表4-13模型3和模型6可知，高等程度工业智能化对碳排放绩效影响不显著，意味着高等程度工业智能化与全要素碳排放绩效关系不明显。总体来看，与单要素碳排放绩效一样，全要素碳排放绩效仅中等程度工业智能化发挥正向影响。

表4-13 工业智能化程度对全要素碳排放绩效的影响

变量	模型1	模型2	模型3	模型4	模型5	模型6
	低等程度工业智能化	中等程度工业智能化	高等程度工业智能化	低等程度工业智能化	中等程度工业智能化	高等程度工业智能化
ind	−0.1720 *	0.1580 **	0.0211	−0.1700 *	0.1620 **	0.0205
	(0.0967)	(0.0738)	(0.0158)	(0.0963)	(0.0726)	(0.0158)

续表

变量	模型 1 低等程度工业智能化	模型 2 中等程度工业智能化	模型 3 高等程度工业智能化	模型 4 低等程度工业智能化	模型 5 中等程度工业智能化	模型 6 高等程度工业智能化
gdp	0.0398 *** (0.0085)	0.0339 *** (0.0111)	0.0733 *** (0.0159)	0.0400 *** (0.0085)	0.0345 *** (0.0112)	0.0727 *** (0.0159)
trf	− 0.0079 *** (0.0017)	− 0.0016 (0.0020)	− 0.0050 (0.0034)	− 0.0079 *** (0.0017)	− 0.0017 (0.0020)	− 0.0049 (0.0034)
enr	0.0218 * (0.0127)	0.0077 (0.0112)	0.0159 *** (0.0056)	0.0225 * (0.0127)	0.0078 (0.0112)	0.0160 *** (0.0056)
fdi	0.0181 (0.0257)	− 0.0139 * (0.0083)	− 0.1360 *** (0.0399)	0.0077 (0.0208)	− 0.0140 * (0.0083)	− 0.1360 *** (0.0398)
urb	− 0.0739 ** (0.0403)	− 0.0463 (0.0366)	− 0.0501 (0.0319)	− 0.0717 * (0.0401)	− 0.0459 (0.0366)	− 0.0518 (0.0318)
fin	− 0.0036 *** (0.0007)	− 0.0007 ** (0.0003)	− 0.0004 *** (0.0001)	− 0.0034 *** (0.0006)	− 0.0007 ** (0.0003)	− 0.0004 *** (0.0001)
_ cons	0.7310 *** (0.0422)	0.5560 *** (0.0288)	0.4440 *** (0.0844)	0.7300 *** (0.0423)	0.5560 *** (0.0289)	0.4470 *** (0.0843)
时间	Yes	Yes	Yes	Yes	Yes	Yes
地区	Yes	Yes	Yes	Yes	Yes	Yes
N	1395	1401	1406	1410	1416	1391
R^2	0.757	0.822	0.797	0.758	0.822	0.795

4.2.2　工业智能化阶段视角下的效应分析

随着第四次技术革命的广泛兴起，各国加快推出智能化相关政策，以期在新一轮国家竞争中处于有利地位。其中，美国于 2009 年提出"再工业化"战略，德国于 2013 年推出"工业 4.0"计划，英国于 2014 年推出"高价值制造"战略，日本于 2015 年提出"新机器人"战略，中国也在 2015 年推出"中国制造 2025"计划。由此可以看出，2009 年为世界上主要国家主动推行智能化的元年，特别是制造强国美国提出的以智能制造产业重塑制造业格局拉开了工业智能化的序幕。为此，本书以 2009 年为分界点，考察"再工业化"概念的提出是否成为影响工业智能化作用效果的因素。单要素碳排放绩效下的实证检验结果如表4－14所示，其中，模型1为2003—2008年的回归结果，结果显示，工业智能化系数并不显著，表明在该阶段工业智能化对单要素碳排放绩效没有表现出正向影响；模型2为2009—2017年的回归结果，结果显示，工业智能化系数在5%显著性水平上为正，意味着在2009—2017年工业智能化显著提升了碳排放绩效。模型3和模型4为以纵横向拉开档次法合成的工业智能化指数重新进行检验的结果，实证结果显示，工业智能化系数在2003—2008年在1%显著性水平上为1.635，2009—2017年在1%显著性水平上为3.470。综合来看，2009年"再工业化"概念的提出可能成为影响工业智能化对单要素碳排放作用的关键因素，表明智能化政策可能成为促进工业智能化转型的有效手段。

表4－14　工业智能化阶段对单要素碳排放绩效的影响

变量	模型1	模型2	模型3	模型4
	2003—2008 年	2009—2017 年	2003—2008 年	2009—2017 年
ind	0.0855	0.1170 **	1.6350 ***	3.4700 ***
	(0.0872)	(0.0571)	(0.4600)	(0.4750)
gdp	0.178 ***	0.0889 ***	0.172 ***	0.0908 ***
	(0.0407)	(0.0193)	(0.0394)	(0.0180)
trf	− 0.0160 **	− 0.0037	− 0.0153 **	− 0.0048
	(0.0066)	(0.0036)	(0.0064)	(0.0034)
enr	0.0325 ***	0.0409	0.0342 ***	0.0424
	(0.0094)	(0.0462)	(0.0101)	(0.0462)
fdi	− 0.0397	− 0.0369	− 0.0294	− 0.0327
	(0.0300)	(0.0287)	(0.0259)	(0.0305)
urb	− 0.0019	0.0606	− 0.0188	0.0355
	(0.1500)	(0.1220)	(0.1500)	(0.1180)
fin	− 0.0031	− 0.0028 ***	− 0.0029	− 0.0025 **
	(0.0023)	(0.0011)	(0.0023)	(0.0010)
_ cons	8.4550 ***	8.8020 ***	8.1430 ***	7.9160 ***
	(0.1760)	(0.1810)	(0.2040)	(0.1910)

续表

变量	模型 1 2003—2008 年	模型 2 2009—2017 年	模型 3 2003—2008 年	模型 4 2009—2017 年
时间	Yes	Yes	Yes	Yes
地区	Yes	Yes	Yes	Yes
N	1675	2527	1675	2527
R^2	0.972	0.921	0.972	0.925

　　表 4－15 基于全要素碳排放绩效角度考察工业智能化阶段的作用差异，与单要素碳排放绩效一样，以"再工业化"概念提出的 2009 年为分界点进行检验。实证结果显示，模型 1 中工业智能化系数不显著，表明2003—2008 年工业智能化没有对全要素碳排放绩效表现出正向影响；模型 2 中工业智能化系数在 10% 显著性水平上为正，意味着工业智能化能够显著提升 2009—2017 年的全要素碳排放绩效。模型 3 与模型 4 为以纵横向拉开档次法测算的工业智能化回归结果，结果显示，2003—2008 年，工业智能化系数在 1% 显著性水平上为 0.815；2009—2017 年，工业智能化系数在 1% 显著性水平上为 0.893，证实了工业智能化对全要素碳排放绩效的作用效果存在阶段性，也从侧面验证了智能化政策在助推产业升级中的作用。

表 4－15　工业智能化阶段对全要素碳排放绩效的影响

变量	模型 1 2003—2008 年	模型 2 2009—2017 年	模型 3 2003—2008 年	模型 4 2009—2017 年
ind	0.0247 (0.0449)	0.0446 * (0.0240)	0.8150 *** (0.2850)	0.8930 *** (0.1450)
gdp	0.0728 *** (0.0239)	0.0429 *** (0.0084)	0.0697 *** (0.0231)	0.0432 *** (0.0080)
trf	−0.0082 ** (0.0038)	−0.0050 *** (0.0017)	−0.0079 ** (0.0037)	−0.0053 *** (0.0017)
enr	0.0159 *** (0.0056)	−0.00192 (0.0147)	0.0167 *** (0.0060)	−0.0012 (0.0145)
fdi	−0.0194 (0.0189)	−0.0170 (0.0109)	−0.0145 (0.0178)	−0.0160 (0.0115)

变量	模型 1	模型 2	模型 3	模型 4
	2003—2008 年	2009—2017 年	2003—2008 年	2009—2017 年
urb	-0.0258	0.0774 **	-0.0327	0.0723 **
	(0.0839)	(0.0352)	(0.0824)	(0.0344)
fin	-0.0012	-0.0005 ***	-0.0011	-0.0004 ***
	(0.0012)	(0.0001)	(0.0012)	(0.0001)
_ *cons*	0.3600 ***	0.7120 ***	0.2030 *	0.4890 ***
	(0.0764)	(0.0898)	(0.0710)	(0.1120)
时间	Yes	Yes	Yes	Yes
地区	Yes	Yes	Yes	Yes
N	1675	2527	1675	2527
R^2	0.876	0.830	0.879	0.834

4.2.3 工业智能化维度视角下的效应分析

在构建指标体系测度工业智能化的过程中，本书分别从工业智能化基础（*iif*)、工业智能化能力（*iic*）和工业智能化效益（*iib*）3 个维度展开，为此在整体考虑工业智能化对碳排放绩效影响的基础上，进一步分类检验3 个工业智能化维度的碳排放绩效效应。与工业智能化一样，工业智能化基础、工业智能化能力和工业智能化效益也通过熵权法计算得出。与此同时，为和基准回归一致，本节也分别检验单要素碳排放绩效和全要素碳排放绩效下不同工业智能化维度的作用差异。工业智能化维度对单要素碳排放绩效的回归结果如表4-16 所示，其中，模型1 至模型3 为全样本检验，模型4 至模型6 为剔除直辖市样本的回归结果，将作为检验结果是否稳健的标准。由模型1 和模型4 可知，工业智能化基础系数均在1% 显著性水平上为正，即工业智能化基础对单要素碳排放绩效表现出明显的促进效应；模型2 和模型5 结果显示，工业智能化能力系数不显著，表明工业智能化能力对单要素碳排放绩效没有发挥明显作用；模型3 和模型6 结果表明，工业智能化效益系数不显著，意味着工业智能化效益也无助于单要素

碳排放绩效提升。总体来看，对于单要素碳排放绩效来说，仅工业智能化
基础表现出显著的促进作用。

表 4 – 16　工业智能化维度对单要素碳排放绩效的影响

变量	模型1	模型2	模型3	模型4	模型5	模型6
iif	0.3220 ***			0.3130 ***		
	(0.0444)			(0.0749)		
iic		40.4600			35.4500	
		(30.2300)			(30.1700)	
iib			0.0085			0.0071
			(0.0066)			(0.0065)
gdp	0.1090 ***	0.1110 ***	0.1120 ***	0.1060 ***	0.0997 ***	0.1000 ***
	(0.0164)	(0.0175)	(0.0176)	(0.0166)	(0.0168)	(0.0168)
trf	−0.0080 ***	−0.0079 **	−0.0081 **	−0.0078 **	−0.0063 **	−0.0064 **
	(0.0031)	(0.0032)	(0.0032)	(0.0032)	(0.0032)	(0.0032)
enr	0.0378 **	0.0356 **	0.0343 **	0.0376 **	0.0356 **	0.0346 **
	(0.0165)	(0.0153)	(0.0150)	(0.0164)	(0.0153)	(0.0151)
fdi	−0.0515 **	−0.0352	−0.0390	−0.0509 **	−0.0349	−0.0381
	(0.0222)	(0.0268)	(0.0260)	(0.0221)	(0.0263)	(0.0256)
urb	−0.1930 ***	−0.2540 ***	−0.2560 ***	−0.2000 ***	−0.2260 ***	−0.2270 ***
	(0.0608)	(0.0600)	(0.0609)	(0.0608)	(0.0611)	(0.0608)
fin	−0.0027 **	−0.0028 **	−0.0028 **	−0.0027 **	−0.0027 **	−0.0028 **
	(0.0011)	(0.0011)	(0.0011)	(0.0011)	(0.0011)	(0.0011)
_cons	8.7800 ***	8.9740 ***	9.0320 ***	7.8400 ***	7.8570 ***	7.8920 ***
	(0.0891)	(0.1360)	(0.1280)	(0.0434)	(0.0504)	(0.0420)
时间	Yes	Yes	Yes	Yes	Yes	Yes
地区	Yes	Yes	Yes	Yes	Yes	Yes
N	4202	4202	4202	4142	4142	4142
R^2	0.928	0.924	0.924	0.927	0.925	0.925

在单要素碳排放绩效下，仅工业智能化基础表现出对碳排放绩效的正
向影响，这一结论在全要素碳排放绩效下是否依然成立呢？为此，本节以
全要素碳排放绩效替换单要素碳排放绩效重新检验工业智能化维度的作用

效果，结果如表4－17所示。与前文一样，模型1至模型3为全样本下工业智能化维度对全要素碳排放绩效的影响检验，模型4至模型6为非直辖市样本工业智能化维度对全要素碳排放绩效影响的检验。具体来说，模型1和模型4为工业智能化基础对全要素碳排放绩效的检验，结果显示，工业智能化基础系数在1%或10%显著性水平上为正，意味着工业智能化基础确实有助于全要素碳排放绩效的提升，与单要素碳排放绩效结论一致；模型2和模型4为工业智能化能力对全要素碳排放绩效的检验，结果显示，工业智能化能力系数不显著，表明工业智能化能力与全要素碳排放绩效无明显关系，证实了单要素碳排放绩效的结果；模型3和模型6为工业智能化效益对全要素碳排放绩效影响的检验，实证结果显示，工业智能化效益系数均在1%显著性水平上为正，表明工业智能化效益能够提升全要素碳排放绩效。因此，综合表4－16和表4－17可知，工业智能化维度中的工业智能化基础对碳排放绩效表现出明显促进效应，工业智能化能力对碳排放绩效影响不显著，工业智能化效益仅对全要素碳排放绩效表现出正向激励作用。

表4－17　工业智能化维度对全要素碳排放绩效的影响

变量	模型1	模型2	模型3	模型4	模型5	模型6
iif	0.0795 ***			0.0403 *		
	(0.0145)			(0.0241)		
iic		−2.5070			−3.2680	
		(8.8430)			(8.8150)	
iib			0.0108 ***			0.0104 ***
			(0.0032)			(0.0032)
gdp	0.0498 ***	0.0503 ***	0.0508 ***	0.0472 ***	0.0464 ***	0.0469 ***
	(0.0071)	(0.0073)	(0.0072)	(0.0073)	(0.0071)	(0.0071)
trf	−0.0062 ***	−0.0062 ***	−0.0064 ***	−0.0059 ***	−0.0057 ***	−0.0059 ***
	(0.0014)	(0.0014)	(0.0014)	(0.0015)	(0.0015)	(0.0015)
enr	0.0166 ***	0.0157 ***	0.0157 ***	0.0162 ***	0.0157 ***	0.0158 ***
	(0.0051)	(0.0049)	(0.0048)	(0.0050)	(0.0049)	(0.0048)

续表

变量	模型 1	模型 2	模型 3	模型 4	模型 5	模型 6
fdi	-0.0184**	-0.0156*	-0.0152*	-0.0167**	-0.0154*	-0.0149*
	(0.0081)	(0.0090)	(0.0090)	(0.0085)	(0.0089)	(0.0089)
urb	-0.0497**	-0.0661***	-0.0624***	-0.0508**	-0.0548***	-0.0517**
	(0.0207)	(0.0211)	(0.0210)	(0.0211)	(0.0212)	(0.0211)
fin	-0.0005***	-0.0005***	-0.0005***	-0.0005***	-0.0005***	-0.0005***
	(0.0001)	(0.0001)	(0.0001)	(0.0001)	(0.0001)	(0.0001)
$\_cons$	0.5160***	0.5830***	0.5740***	0.5550***	0.5650***	0.5580***
	(0.0401)	(0.0545)	(0.0517)	(0.0238)	(0.0259)	(0.0241)
时间	Yes	Yes	Yes	Yes	Yes	Yes
地区	Yes	Yes	Yes	Yes	Yes	Yes
N	4202	4202	4202	4142	4142	4142
R^2	0.792	0.788	0.789	0.789	0.788	0.789

4.3　工业智能化对碳排放绩效影响的城市异质性分析

4.3.1　不同规模城市视角下的效应分析

　　城市发展通常伴随着要素与产业的集聚，引致城市规模的扩张与城市范围的外延。与此同时，不同等级规模的城市在资源整合与职能划分上存在较大差异，一般地，相对于中小城市来说，大城市经济集聚引发的规模效应有助于技术扩散与协同创新的产生，同时，化石燃料的充分利用与污染物的集中处理在一定程度上显示出城市的规模效应。冯苑等（2021）基于城市层面样本数据的研究显示，宽带基础设施建设对创新能力的作用依赖于城市规模的大小，即规模较大城市的宽带基础设施的创新激励作用更大，从实证层面为城市的不断扩张提供了理论依据。这一结论也得到了石敏俊和张雪（2020）等研究的支撑。然而，这并不意味着随着城市规模的扩张，城市各项经济活动均能得到良好的发展，杨东亮和郑鸽（2021）采用2017 年流动人口卫生计生调查数据实证检验城市规模对工资的影响发现，城市规模有助于提升劳动力工资水平，但是当城市人口规模大于 1000 万时，作用效果将会降低，这意味着大规模城市导致的交通拥堵与污染增加可能引发规模不经济，表明适度的城市规模更有助于经济平稳健康发展。

基于此，本书将城市规模引入，分类考察不同城市规模下工业智能化对碳排放绩效的影响。城市规模的界定与划分依据 2014 年国务院颁布的《关于调整城市规模划分标准的通知》，将城市规模划分为小城市、中等城市、大城市、特大城市、超大城市 5 类。其中，小城市为城区常住人口小于 50 万的城市，中等城市为城区常住人口大于 50 万而小于 100 万的城市，大城市为城区常住人口大于 100 万而小于 500 万的城市，特大城市为城区常住人口大于 500 万而小于 1000 万的城市，超大城市为城区常住人口大于 1000 万的城市。与前文一样，本书基于单要素碳排放绩效与全要素碳排放绩效两种刻画维度展开，工业智能化对单要素碳排放绩效的城市规模异质性检验结果如表 4 - 18 所示。其中，模型 1 至模型 5 分别为小城市、中等城市、大城市、特大城市、超大城市的回归结果。具体来说，由基于小城市样本的模型 1 回归结果可知，工业智能化系数并不显著，表明小城市工业智能化对单要素碳排放绩效影响并不明显；模型 2 回归结果显示，工业智能化系数依然不显著，表明对于中等城市工业智能化并没有表现出对单要素碳排放绩效的正向激励效应；模型 3 回归结果显示，工业智能化系数在 5% 显著性水平上为正，表明大城市工业智能化能够有效提升单要素碳排放绩效；模型 4 回归结果显示，工业智能化系数不显著，即工业智能化对单要素碳排放绩效的激励作用在特大城市并不存在；模型 5 回归结果显示，工业智能化系数不显著，即在超大城市工业智能化没有表现出对单要素碳排放绩效的正向促进作用。综上可知，工业智能化对单要素碳排放绩效的影响在中小城市和特大及以上城市均不显著，仅在大城市表现出正向作用，即适度的城市规模更有助于工业智能化作用的发挥。可能是因为规模经济与规模不经济的交替产生，即在城市规模不断扩张的初期，要素集聚引发的技术溢出和知识共享能够促进企业技术升级与技术更新，有助于智能化设备的快速应用与环保型技术的产生。而随着企业与产业的过分集聚，城市规模的负向效应开始凸显，特别是在城市治理者缺乏治理能力与管理经验时，城市内部资源抢夺造成包括劳动力、资本、能源在内的要素短缺，在提升生产成本的同时降低企业技术创新水平。

表 4－18　单要素碳排放绩效下城市规模异质性检验

变量	模型 1	模型 2	模型 3	模型 4	模型 5
	小城市	中等城市	大城市	特大城市	超大城市
ind	−0.0523	−0.0219	0.0945 **	0.0423	0.3260
	(0.0352)	(0.0397)	(0.0428)	(0.1030)	(0.2190)
gdp	0.2010 ***	0.4220 ***	0.0505 ***	0.3290 ***	0.3630 ***
	(0.0380)	(0.0459)	(0.0188)	(0.0390)	(0.0474)
trf	0.0010	−0.0184 **	−0.0009	−0.0025	0.0067
	(0.0073)	(0.0089)	(0.0032)	(0.0020)	(0.0067)
enr	0.1820 ***	0.0130	−0.0723 **	0.1080	0.3940
	(0.0615)	(0.0093)	(0.0297)	(0.1400)	(0.2450)
fdi	−0.0537 *	−0.0374	−0.3860 ***	0.0045	0.8150
	(0.0308)	(0.0591)	(0.1290)	(0.0049)	(0.6410)
urb	−0.2740 **	−0.1300	−0.0654	−0.1100	0.1140
	(0.1180)	(0.0965)	(0.0859)	(0.1270)	(0.2140)
fin	−0.0030 ***	−0.0013 ***	−0.0259 ***	−0.0181	0.0277
	(0.0011)	(0.0003)	(0.0062)	(0.0308)	(0.1330)
$\_cons$	7.8490 ***	7.3420 ***	8.0280 ***	7.3010 ***	7.1610 ***
	(0.0502)	(0.0821)	(0.0555)	(0.1870)	(0.3390)
时间	Yes	Yes	Yes	Yes	Yes
地区	Yes	Yes	Yes	Yes	Yes
N	770	1528	1741	114	49
R^2	0.944	0.948	0.936	0.991	0.995

全要素碳排放绩效下城市规模异质性下的检验结果如 4－19 所示。与表 4－18 一样，表 4－19 的检验依然从小城市、中等城市、大城市、特大城市、超大城市 5 种类别展开，具体检验结果如模型 1 至模型 5 所示。其中，模型 1 为针对小城市的检验，结果显示，工业智能化系数并不显著，意味着对于小城市而言工业智能化对全要素碳排放绩效并没有表现出明显的正向激励作用；模型 2 为中等城市的检验结果，可知工业智能化系数依

然不显著，表明工业智能化对全要素碳排放绩效的促进作用在中等城市不明显；模型3为大城市工业智能化对碳排放绩效的实证分析，结果显示，工业智能化系数在1%显著性水平上为正，表明工业智能化能够促进大城市全要素碳排放绩效提升；模型4与模型5分别为特大城市和超大城市工业智能化对全要素碳排放绩效的回归结果，可知工业智能化系数均不显著，即对于特大城市和超大城市而言，工业智能化并没有表现出对全要素碳排放绩效的正向影响。总体来看，在单要素碳排放绩效与全要素碳排放绩效下，大城市工业智能化均表现出正向促进作用。

表4-19　全要素碳排放绩效下城市规模异质性检验

| 变量 | 模型1 | 模型2 | 模型3 | 模型4 | 模型5 |
	小城市	中等城市	大城市	特大城市	超大城市
ind	0.0079	0.0060	0.0806 ***	0.1550	0.0832
	(0.0170)	(0.0197)	(0.0282)	(0.1220)	(0.1930)
gdp	0.1070 ***	0.1680 ***	0.0455 ***	0.1110 **	0.2600 ***
	(0.0182)	(0.0156)	(0.0089)	(0.0469)	(0.0443)
trf	0.0048 *	-0.0058	-0.0075 ***	-0.0028	-0.0054
	(0.0027)	(0.0036)	(0.0015)	(0.0035)	(0.0073)
enr	0.0504 **	0.0074 **	-0.0094	0.1410	0.1980
	(0.0227)	(0.0033)	(0.0145)	(0.1340)	(0.2370)
fdi	-0.0286 **	-0.0046	-0.0794 **	0.0022	0.0063
	(0.0114)	(0.0266)	(0.0315)	(0.0028)	(0.5060)
urb	-0.0138	0.0210	-0.0552	0.1130	-0.0072
	(0.0546)	(0.0281)	(0.0361)	(0.1300)	(0.1930)
fin	0.0002	-0.0005 ***	-0.0063 ***	-0.0277	0.2050
	(0.0002)	(0.0001)	(0.0017)	(0.0219)	(0.1220)
_cons	0.3570 ***	0.2620 ***	0.6110 ***	0.05410	-0.8790 **
	(0.0353)	(0.0303)	(0.0318)	(0.2270)	(0.3230)
时间	Yes	Yes	Yes	Yes	Yes
地区	Yes	Yes	Yes	Yes	Yes
N	770	1528	1741	114	49
R^2	0.796	0.813	0.827	0.972	0.966

4.3.2　不同区位城市视角下的效应分析

我国幅员辽阔的国土面积与交错纵横的山川河流造成了明显的区域特色和文化差异，与此同时，资源禀赋与制度环境的差别也使得地区间的产业结构和经济发展存在明显的区域特征，因此，在探究经济行为时，需要考察不同地区间地理位置等的作用。通常来说，在研究区域异质性的过程中，大量文献习惯性地将全国样本分为东部、中部、西部地区进行考察。例如，顾海峰和卞雨晨（2021）在基于省级面板数据探究财政支出、金融发展与外商投资对文化产业发展的影响时，就引入了区域异质性。研究发现，东部、中部、西部地区文化产业发展所依赖要素存在明显差异，东部地区更依赖资本市场，中部地区更依赖财政支出与信贷市场，而西部地区更依赖信贷市场。这一分类方式也得到了邹涛和李沙沙（2021）的采用。然而，随着经济发展模式与经济圈的重构，国务院发展研究中心指出，传统的东部、中部、西部地区划分方法已无法精准度量可能存在的区域差异，为此，在东部、中部、西部地区的基础上，将全国区域划分为包含东部沿海综合经济区、北部沿海综合经济区、南部沿海综合经济区、长江中游综合经济区、黄河中游综合经济区、大西北综合经济区、大西南综合经济区、东北综合经济区 8 个经济区，且这一划分方法已取得较大共识，得到众多学者的采用（刘亦文等，2021）。

基于此，本书在八大经济区基础上分类考察工业智能化对碳排放绩效的作用。工业智能化对单要素碳排放绩效的城市区位异质性检验结果如表 4 - 20 所示。其中，模型 1 为东部沿海综合经济区工业智能化对单要素碳排放绩效的回归结果，工业智能化系数在 5% 显著性水平上为正，表明工业智能化对东部沿海综合经济区单要素碳排放绩效表现出正向作用；模型 2 为北部沿海综合经济区工业智能化对单要素碳排放绩效的回归结果，可知工业智能化系数在 1% 显著性水平上为正，意味着在北部沿海综合经济区，工业智能化能够促进单要素碳排放绩效提升；模型 3 为南部沿海综合经济区工业智能化对单要素碳排放绩效的回归结果，可知工业智能化系数并不显著，表明工业智能化对南部沿海综合经济区单要素碳排放绩效没有表现出明显的作用；模型 4 为长江中游综合经济区工业智能化对单要素碳排放绩效的回归结果，发现工业智能化系数不显著，表明工业智能化没有显示出正向效应；模型 5 为黄河中游综合经济区工业智能化对单要素碳排放绩效的回归结果，可知工业智能化系数不显著，意味着工业智能化对碳排放绩效的促进作用并没有在黄河中游综合经济区得到体现；模型 6 为大西北综合经济区工业智能化对单要素碳排放绩效的回归结果，发现工业智能化系数不显著，表明在大西北综合经济区工业智能化的正向作用不明显；模型 7 为大西南综合经济区工业智能化对单要素碳排放绩效的回归结果，可知工业智能化系数并不显著，意味着在大西南综合经济区工业智能化作用效果不显著；模型 8 为东北综合经济区工业智能化对单要素碳排放绩效的回归结果，结果显示，工业智能化系数不显著且方向为负，表明工业智能化没有促进东北综合经济区单要素碳排放绩效提升。可能是因为东部沿海综合经济区与北部沿海综合经济区是中国最重要的先进制造业集聚地，智能化技术的普及与应用势必进一步优化生产流程，推动产业链上下游协同，提升技术进步与能源利用效率的同时，促进碳排放绩效提升。

表 4 − 20　单要素碳排放绩效下城市区位异质性检验

变量	模型 1	模型 2	模型 3	模型 4	模型 5	模型 6	模型 7	模型 8
	东部沿海综合经济区	北部沿海综合经济区	南部沿海综合经济区	长江中游综合经济区	黄河中游综合经济区	大西北综合经济区	大西南综合经济区	东北综合经济区
ind	0.3590 **	0.8510 ***	0.0953	− 0.0200	− 0.0800	0.0094	0.0244	− 0.0063
	(0.1440)	(0.1940)	(0.1210)	(0.0448)	(0.0642)	(0.0861)	(0.0285)	(0.0448)
gdp	0.2810 ***	0.1610 ***	0.0128	0.1270 ***	0.1640 ***	0.3080 ***	0.8380 ***	0.4190 ***
	(0.0648)	(0.0310)	(0.0153)	(0.0425)	(0.0495)	(0.0517)	(0.1060)	(0.0704)
trf	− 0.0097 *	− 0.0300 ***	− 0.0001	− 0.0250 **	− 0.0110	− 0.0083	0.0157	0.0160 ***
	(0.0049)	(0.0078)	(0.0030)	(0.0114)	(0.0090)	(0.0070)	(0.0118)	(0.0056)
enr	0.0345	0.0672	− 0.0751	0.0016	0.1100 **	0.1730 *	0.0741 **	0.1180
	(0.0839)	(0.0618)	(0.0571)	(0.0140)	(0.0502)	(0.0977)	(0.0322)	(0.0952)

变量	模型 1 东部沿海综合经济区	模型 2 北部沿海综合经济区	模型 3 南部沿海综合经济区	模型 4 长江中游综合经济区	模型 5 黄河中游综合经济区	模型 6 大西北综合经济区	模型 7 大西南综合经济区	模型 8 东北综合经济区
fdi	-0.0231 (0.0400)	-0.6100*** (0.2300)	-0.0585 (0.0732)	-0.0746* (0.0397)	-0.0095 (0.0165)	0.0348 (0.1570)	0.0457 (0.2030)	-0.2910** (0.1310)
urb	0.2450** (0.1070)	-0.0037 (0.1610)	0.0959 (0.1630)	-0.7300*** (0.2360)	-0.2150** (0.1040)	-0.4500*** (0.1490)	0.1470 (0.1770)	0.1710 (0.1480)
fin	-0.0100*** (0.0013)	-0.0300*** (0.0086)	-0.0080** (0.0034)	-0.0070** (0.0028)	-0.0100*** (0.0009)	0.0021 (0.0016)	-0.0030*** (0.0007)	-0.0020*** (0.0003)
_cons	7.1230*** (0.3530)	8.9240*** (0.1670)	8.7600*** (0.0803)	8.7420*** (0.1380)	7.9780*** (0.1230)	7.3820*** (0.1340)	7.3370*** (0.1000)	7.0300*** (0.1820)
时间	Yes	Yes	Yes	Yes	Yes	Yes	Yes	Yes
地区	Yes	Yes	Yes	Yes	Yes	Yes	Yes	Yes
N	360	450	480	768	704	270	660	510
R^2	0.938	0.945	0.896	0.889	0.937	0.925	0.957	0.932

全要素碳排放绩效下城市区位异质性检验结果如表 4-21 所示。与表 4-20 一样，表 4-21 模型 1 至模型 8 分别为东部沿海综合经济区、北部沿海综合经济区、南部沿海综合经济区、长江中游综合经济区、黄河中游综合经济区、大西北综合经济区、大西南综合经济区、东北综合经济区 8 个经济区工业智能化对全要素碳排放绩效的回归结果。具体而言，模型 1 为东部沿海综合经济区的实证检验，结果显示，工业智能化系数在 5% 显著性水平上为正，表明在东部沿海综合经济区，工业智能化对全要素碳排放绩效表现出正向影响；模型 2 为北部沿海综合经济区工业智能化对全要素碳排放绩效的实证检验，结果显示，工业智能化系数不显著但方向为正；模型 3 至模型 7 的回归结果显示，工业智能化的系数均不显著，表明在南部沿海综合经济区、长江中游综合经济区、黄河中游综合经济区、大西北综合经济区、大西南综合经济区工业智能化均未表现出对全要素碳排放绩效的促进作用；模型 8 为东北综合经济区回归结果，结果显示，工业智能化系数在 1% 显著性水平上为正，表示工业智能化能够

显著提升东北综合经济区全要素碳排放绩效，表明工业智能化对全要素碳排放绩效的影响存在明显的区域异质性。

表4-21　全要素碳排放绩效下城市区位异质性检验

变量	模型1 东部沿海综合经济区	模型2 北部沿海综合经济区	模型3 南部沿海综合经济区	模型4 长江中游综合经济区	模型5 黄河中游综合经济区	模型6 大西北综合经济区	模型7 大西南综合经济区	模型8 东北综合经济区
ind	0.1390**	0.1470	0.1090	-0.0154	-0.0031	-0.0009	0.0011	0.0950***
	(0.0570)	(0.0942)	(0.0771)	(0.0266)	(0.0239)	(0.0337)	(0.0159)	(0.0222)
gdp	0.1120***	0.0750***	0.0250***	0.0700***	0.0920***	0.1330***	0.3210***	0.1690***
	(0.0165)	(0.0167)	(0.0070)	(0.0182)	(0.0273)	(0.0313)	(0.0361)	(0.0179)
trf	-0.0170***	-0.0170***	-0.0060***	-0.0108**	-0.0029	0.0070***	-0.0014	-0.0004
	(0.0034)	(0.0045)	(0.0016)	(0.0048)	(0.0038)	(0.0025)	(0.0041)	(0.0022)
enr	0.0412	-0.0092	-0.0035	0.0130***	0.0508**	0.0210	-0.0410***	-0.0081
	(0.0573)	(0.0292)	(0.0264)	(0.0030)	(0.0244)	(0.0568)	(0.0157)	(0.0184)
fdi	0.0673	-0.1410	-0.0031	-0.0354**	-0.0086	-0.0613	0.0142	-0.1040**
	(0.0492)	(0.1110)	(0.0218)	(0.0147)	(0.0068)	(0.0765)	(0.0617)	(0.0415)
urb	0.1920**	0.0227	-0.1380*	-0.1440**	0.0083	-0.2270***	0.1310**	-0.0167
	(0.0748)	(0.0689)	(0.0785)	(0.0654)	(0.0477)	(0.0852)	(0.0588)	(0.0482)
fin	-0.0020***	-0.0070***	-0.0020*	-0.0017*	-0.0010***	0.0014*	-0.0002	-0.0010***
	(0.0006)	(0.0024)	(0.0010)	(0.0010)	(0.0003)	(0.0008)	(0.0002)	(0.0001)
_cons	0.1660	0.5200***	0.6530***	0.5320***	0.1940***	0.1340*	0.1620***	0.1720***
	(0.1060)	(0.0781)	(0.0347)	(0.0526)	(0.0573)	(0.0712)	(0.0353)	(0.0533)
时间	Yes	Yes	Yes	Yes	Yes	Yes	Yes	Yes
地区	Yes	Yes	Yes	Yes	Yes	Yes	Yes	Yes
N	360	450	480	768	704	270	660	510
R^2	0.826	0.756	0.860	0.719	0.795	0.726	0.798	0.866

4.3.3　不同资源属性城市视角下的效应分析

长期以来，资源开采与资源粗加工成为众多资源型城市经济发展的动力来源，但在经济高质量发展与环境保护的双重压力下，传统的发展模式已逐渐不可持续，然而，长期以来对自然资源的过度依赖使得资源型城市产业结构与就业结构单一，技术创新水平不高。国务院于 2013 年印发的《全国资源型城市可持续发展规划（2013—2020 年）》（以下简称《发展规划》）明确指出，资源型城市具有采掘业占比高、技术水平低、制造业发展不足等显著特征，在经济转型和高质量发展的大背景下面临着资源开发与生态保护的两难困境。而对于非资源型城市来说，工业产业与服务业高度发达且相互融合，在带来大量就业岗位吸引人才的同时，为技术创新提供了良好环境，从而形成良性循环。因此，在探究经济发展与环境保护时，需要考察城市的资源属性差异。陈平和罗艳（2021）基于 2005—2016 年城市面板数据分类考察了资源型城市和非资源型城市环境规制、经济结构与就业的关系。结果显示，当产业结构达到某一特定值时，资源型城市与非资源型城市表现出明显差异，即资源型城市环境规制对就业的影响由激励作用转变为抑制作用，而非资源型城市由负向影响转变为正向促进，表明城市资源属性差异可能会对经济产生深远影响，且这一可能的差异也得到了裴耀琳和郭淑芬（2021）的研究支持。

为此，本书基于《发展规划》将样本城市分为非资源型城市与资源型城市，实证检验工业智能化对碳排放绩效影响的城市资源属性差异。更进一步地，本书依据《发展规划》考察资源型城市内部成长型城市、成熟型城市、衰退型城市、再生型城市下工业智能化对碳排放绩效的作用差异。工业智能化对不同资源属性城市单要素碳排放绩效的影响检验如表 4-22 所示。检验结果如模型 1 与模型 2 所示，其中，模型 1 为非资源型城市下的回归结果，结果显示，工业智能化系数在 1% 显著性水平上为正，表明工业智能化能够促进非资源型城市单要素碳排放绩效提升；模型 2 为资源型城市下的回归结果，结果显示，工业智能化系数并不显著，意味着工业智能化无助于资源型城市单要素碳排放绩效提升。可能是因为，一方面，资源型城市更多地依赖于采掘业，而智能制造技术与设备的应用更多地集聚于制造业和生产性服务业；另一方面，资源型城市更注重在资源类行情较好时加大资源开采力度获得更高收益而不是进行技术研发，而在自然资源行情下跌时又缺乏足够资金进行设备升级，更容易陷入"资源怪圈"。
模型3至模型6为不同类型资源型城市的回归结果，其中，模型3为成长
型城市的回归结果，可知工业智能化系数在1%显著性水平上为负，表明
工业智能化反而不利于成长型城市单要素碳排放绩效提升；模型4为成熟
型城市的回归结果，可知工业智能化系数并不显著，暗示工业智能化对单
要素碳排放绩效影响不明显；模型5为衰退型城市的实证检验，结果显示，
工业智能化系数不显著，意味着工业智能化没有表现出正向激励作用；模
型6为以再生型城市为样本的检验，可知工业智能化系数不显著，表明对
于再生型城市来说，工业智能化没有对单要素碳排放绩效产生明显影响。
可能是因为，成长型城市正处于资源开发初期，更多地承担了能源安全与
资源保障的历史重担，即与其他城市追求经济效益与环境效益相比，成长
型城市更加关注社会效益与安全效益，因此，其更重视能源生产保障而非
碳绩效提升。

表4-22 单要素碳排放绩效下城市资源属性异质性检验

变量	模型1 非资源型	模型2 资源型	模型3 成长型	模型4 成熟型	模型5 衰退型	模型6 再生型
ind	0.1590 *** (0.0361)	-0.0555 (0.0388)	-0.2090 *** (0.0467)	0.0462 (0.0652)	0.0562 (0.1090)	0.0058 (0.1300)
gdp	0.0764 *** (0.0177)	0.1700 *** (0.0310)	0.2980 *** (0.0861)	0.1780 *** (0.0494)	0.3370 *** (0.0801)	0.0799 (0.0571)
trf	-0.0049 (0.0034)	-0.0059 (0.0059)	-0.0598 *** (0.0132)	0.0061 (0.0128)	-0.0079 (0.0065)	-0.0070 (0.0190)
enr	-0.0034 (0.0146)	0.1500 *** (0.0398)	0.1630 ** (0.0786)	0.1380 ** (0.0572)	0.0565 (0.0439)	0.0403 (0.0766)
fdi	-0.0272 (0.0220)	-0.1260 ** (0.0615)	2.0470 (2.1700)	-0.0801 (0.0488)	-0.5980 ** (0.2570)	-0.1980 ** (0.0934)
urb	-0.2420 *** (0.0844)	-0.2980 *** (0.0872)	0.4580 ** (0.1950)	-0.3720 *** (0.1390)	-0.1020 (0.1680)	-0.5260 *** (0.1900)
fin	-0.0024 ** (0.0010)	-0.0036 *** (0.0011)	-0.0268 (0.0347)	-0.0041 *** (0.0013)	-0.0025 (0.0021)	-0.0053 (0.0049)

续表

变量	模型 1	模型 2	模型 3	模型 4	模型 5	模型 6
	非资源型	资源型	成长型	成熟型	衰退型	再生型
_cons	9.1940 ***	7.6650 ***	7.2110 ***	7.4780 ***	5.9550 ***	8.0680 ***
	(0.1260)	(0.0787)	(0.1850)	(0.0727)	(0.2130)	(0.1280)
时间	Yes	Yes	Yes	Yes	Yes	Yes
地区	Yes	Yes	Yes	Yes	Yes	Yes
N	2541	1661	194	897	345	225
R^2	0.915	0.934	0.964	0.935	0.956	0.924

工业智能化对不同资源属性城市全要素碳排放绩效的回归结果如表 4 - 23 所示。其中，模型 1 为基于非资源型城市的回归结果，结果显示，工业智能化系数在 1% 显著性水平上为正，表明工业智能化能够促进非资源型城市全要素碳排放绩效提升；模型 2 为资源型城市的回归结果，结果显示，工业智能化系数并不显著，意味着对于资源型城市而言，工业智能化并未表现出对全要素碳排放绩效的明显激励效应。更进一步检验不同类型资源型城市工业智能化的作用效果，模型 3 汇报了成长型城市工业智能化对全要素碳排放绩效的实证检验，结果显示，工业智能化系数在 10% 显著性水平上为负，表明工业智能化不利于全要素碳排放绩效提升；模型 4 为成熟型城市的回归结果，可知工业智能化系数在 5% 显著性水平上为正，可认为工业智能化提升了成熟型城市全要素碳排放绩效；模型 5 与模型 6 分别为衰退型城市和再生型城市的实证检验，结果显示，工业智能化系数均不显著，意味着工业智能化对衰退型城市和再生型城市全要素碳排放绩效的影响不显著。

表 4 - 23　全要素碳排放绩效下城市资源属性异质性检验

变量	模型 1	模型 2	模型 3	模型 4	模型 5	模型 6
	非资源型	资源型	成长型	成熟型	衰退型	再生型
ind	0.0760 ***	0.0173	- 0.0318 *	0.0702 **	0.0151	0.0496
	(0.0184)	(0.0174)	(0.0170)	(0.0312)	(0.0449)	(0.0557)

变量	模型 1	模型 2	模型 3	模型 4	模型 5	模型 6
	非资源型	资源型	成长型	成熟型	衰退型	再生型
gdp	0.0445 ***	0.0875 ***	0.2730 ***	0.0747 ***	0.1330 ***	0.0406 *
	(0.0064)	(0.0148)	(0.0297)	(0.0205)	(0.0257)	(0.0244)
trf	− 0.0084 ***	0.0023	− 0.0349 ***	0.0056	0.0016	0.0004
	(0.0013)	(0.0022)	(0.0073)	(0.0045)	(0.0013)	(0.0076)
enr	0.0043	0.0427 ***	− 0.0059	0.0107	0.0259	0.0257
	(0.0065)	(0.0143)	(0.0361)	(0.0174)	(0.0182)	(0.0405)
fdi	− 0.0071	− 0.0497 **	2.8620 ***	− 0.0367 **	− 0.1300	− 0.1060 ***
	(0.0060)	(0.0210)	(0.8180)	(0.0180)	(0.0871)	(0.0339)
urb	− 0.0865 ***	− 0.0070	0.2630 ***	− 0.0031	0.0796	− 0.0665
	(0.0279)	(0.0317)	(0.0887)	(0.0486)	(0.0485)	(0.0802)
fin	− 0.0006 ***	− 0.0001	− 0.0142 **	− 0.0003	− 0.0018 ***	− 0.0009
	(0.0002)	(0.0002)	(0.0067)	(0.0002)	(0.0004)	(0.0016)
$\_cons$	0.6380 ***	0.5270 ***	0.1210 ***	0.3370 ***	− 0.0806	0.6680 ***
	(0.0470)	(0.0470)	(0.0377)	(0.0270)	(0.0593)	(0.0684)
时间	Yes	Yes	Yes	Yes	Yes	Yes
地区	Yes	Yes	Yes	Yes	Yes	Yes
N	2541	1661	194	897	345	225
R^2	0.800	0.785	0.895	0.758	0.824	0.848

4.4 本章小结

本章基于中国城市层面 281 个样本 2003—2017 年面板数据，从定量方面考察工业智能化对碳排放绩效的影响，正如前述文献述评指出的，从不同角度度量碳排放绩效可以保证结论的可信性。为此，本章从单要素碳排放绩效与全要素碳排放绩效两个角度出发，借助固定效应模型、工具变量法等技术手段进行检验，并在此基础上深入考察工业智能化内部差异和城市个体特征引致的工业智能化对碳排放绩效的异质性作用，研究结论如下。

第一，工业智能化能够显著提升碳排放绩效，这一作用无论是在以城市 GDP 与二氧化碳排放比值表征的单要素碳排放绩效，还是基于超效率 EBM 模型测算的全要素碳排放绩效中，都成立。在样本筛选、数据缩尾、替换解释变量等一系列稳健性检验与考察可观测的遗漏变量、不可观测变量和反向因果等可能存在的内生性问题后，本书结论依然稳健。

第二，工业智能化对碳排放绩效的影响依赖于智能化内部差异。首先，从工业智能化程度来看，工业智能化对单要素碳排放绩效的正向显著作用仅存在于中等程度工业智能化中，而在低等程度工业智能化和高等程度工业智能化下表现出不显著的负向影响，全要素视角下中等程度工业智能化促进了碳排放绩效提升，而低等程度工业智能化显著抑制了碳排放绩效提升。从工业智能化阶段来看，2009 年，美国提出"再工业化"计划成为工业智能化作用差异的分界点；2009 年之后，工业智能化对碳排放绩效的正向激励效应更强。从工业智能化维度来看，工业智能化基础对单要素碳排放绩效与全要素碳排放绩效均表现出正向促进作用，工业智能化能力不显著，工业智能化效益仅对全要素碳排放绩效表现出正向促进作用。

第三，包含城市规模、城市区位、城市资源属性在内的城市个体特征差异成为工业智能化对碳排放绩效异质性作用的成因。具体而言，从城市规模差异来看，工业智能化对单要素碳排放绩效与全要素碳排放绩效的正向作用仅在大城市较为明显，而对中小城市和特大及以上城市影响均不明显；从区位差异来看，工业智能化对东部沿海综合经济区和北部沿海综合经济区单要素碳排放绩效表现出显著正向影响，而对其他综合经济区作用效果不明显，在全要素视角下，这一正向促进作用则表现在东部沿海综合经济区和东北综合经济区；从资源属性差异来看，在单要素碳排放绩效与全要素碳排放绩效双重视角下，工业智能化的激励作用均在非资源型城市较为明显，但是进一步考察资源型城市内部时发现，工业智能化反而抑制了成长型城市单要素碳排放绩效与全要素碳排放绩效，促进了成熟型城市全要素碳排放绩效。

第 5 章　工业智能化对碳排放
绩效影响的传导路径分析

实证研究表明，在单要素碳排放绩效和全要素碳排放绩效视角下，中国工业智能化发展均表现出明显的正向促进效应。那么，一个显而易见的问题是，工业智能化如何影响碳排放绩效，何种因素在其中发挥着重要作用。本章在归纳总结前沿文献的基础上，引入产业结构、要素配置与技术进步等指标，从实证角度出发检验工业智能化如何影响碳排放绩效。本章试图回答以下问题：一是产业结构升级、要素优化配置与技术进步效应 3 条传导路径能否经得起实证检验，即是否真的是工业智能化影响碳排放绩效的作用途径；二是 3 种不同传导路径是否发挥同等作用，如果不是，何种传导路径在工业智能化与碳排放绩效中的贡献最大？为此，本章借鉴温忠麟等（2004）三步回归法进行检验，在分类构建有关产业结构升级、要素优化配置与技术进步效应的中介效应模型基础上，依据实证结果评估工业智能化影响碳排放绩效的直接效应与间接效应，在横向考察不同路径中介效应存在性与作用大小的基础上，纵向比较产业结构升级、要素优化配置与技术进步效应 3 个维度传导路径的贡献度。

5.1　产业结构升级的传导效应

5.1.1　模型构建与指标说明

理论模型证实，工业智能化能够通过诱使产业结构升级促进碳排放绩效提升，那么这一结论在实证层面上能否得到支持呢？为此，本书基于城市样本数据从实证层面出发考察产业结构升级在工业智能化与碳排放绩效中发挥的作用。具体而言，基于温忠麟等（2004）的中介效应检验法构建中介效应模型，从单要素碳排放绩效和全要素碳排放绩效等角度分别进行考察。为了检验产业结构升级在工业智能化对单要素碳排放绩效影响中的传导作用，本书构建了如下计量模型：

$$ceps_{it} = \beta_0 + \beta_1\, ind_{it} + \beta_2\, X_{it} + \sigma_i + \tau_t + \varepsilon_{it} \tag{5.1}$$

$$is_{it} = \alpha_0 + \alpha_1\, ind_{it} + \alpha_2\, X_{it} + \sigma_i + \tau_t + \varepsilon_{it} \tag{5.2}$$

$$ceps_{it} = \gamma_0 + \gamma_1\, ind_{it} + \gamma_2\, is_{it} + \gamma_3\, X_{it} + \sigma_i + \tau_t + \varepsilon_{it} \tag{5.3}$$

为了检验产业结构升级在工业智能化对全要素碳排放绩效影响中的传导作用，本书构建了如下计量模型：

$$cepa_{it} = \beta_0 + \beta_1\, ind_{it} + \beta_2\, X_{it} + \sigma_i + \tau_t + \varepsilon_{it} \tag{5.4}$$

$$is_{it} = \alpha_0 + \alpha_1\, ind_{it} + \alpha_2\, X_{it} + \sigma_i + \tau_t + \varepsilon_{it} \tag{5.5}$$

$$cepa_{it} = \gamma_0 + \gamma_1\, ind_{it} + \gamma_2\, is_{it} + \gamma_3\, X_{it} + \sigma_i + \tau_t + \varepsilon_{it} \tag{5.6}$$

其中，被解释变量 $ceps_{it}$ 为单要素碳排放绩效，$cepa_{it}$ 为全要素碳排放绩效，is_{it} 为产业结构升级，解释变量 ind_{it} 为工业智能化程度，控制变量集 X_{it} 与前述模型完全一致，σ_i 表示城市固定效应，τ_t 表示时间固定效应，ε_{it} 表示随机干扰项。综观现有文献，普遍从产业结构高级化与产业结构合理化两个角度表征产业结构升级（郑军等，2021），且已基本达成共识。但是，文献在测度产业结构高级化与产业结构合理化时并不相同，具体来说，对于产业结构高级化，现有学者主要采用第三产业产值和第二产业产值之比、第三产业产值占比、不同产业赋值等方式进行表征，对于产业结构合理化主要采用泰勒指数、泰勒指数倒数、结构偏离指数等进行度量。本书在前沿文献的基础上，首先选取第三产业与第二产业产值之比表示产业结构高级化，以 $100/\left[\sum_{1}^{3}\left(\frac{Y_i}{Y}\right)\mid\frac{Y_i/L_i}{Y/L}-1\mid\right]$ 测度产业结构合理化，其中，Y_i 为 i 产业产值，L_i 为 i 产业从业人数。同时，进一步采用熵权法基于产业结构高级化与产业结构合理化合成产业结构升级指数。

5.1.2　产业结构升级传导路径的分析

尽管理论研究已证明工业智能化能够通过诱发产业结构升级助推碳排放绩效提升，但是仍然需要实证检验的验证。为此，本书在模型（5.1）至模型（5.6）的基础上，基于城市样本数据检验产业结构升级的中介效应。与前文类似，本书从单要素碳排放绩效与全要素碳排放绩效两个维度进行检验。单要素碳排放绩效下产业结构升级中介效应检验如表 5 – 1 所示。检验结果如模型 1 至模型 3 所示，其中，模型 1 为中介效应检验第一步，即工业智能化对单要素碳排放绩效的实证检验，结果显示，工业智能化系数在 10%显著性水平上为正，表明工业智能化能够促进单要素碳排放绩效提升；模型 2 为中介效应检验第二步，即工业智能化对产业结构升级的实证检验，检验结果显示，工业智能化系数在 5%显著性水平上为正，意味着工业智能化有助于产业结构升级；模型 3 为中介效应检验第三步，即工业智能化与产业结构升级同时对单要素碳排放绩效的实证检验，检验结果显示，工业智能化系数在 10%显著性水平上为正，而产业结构升级系数却并不显著，为此需要进行 Sobel 检验以证明产业结构升级是否发挥中介作用，检验结果显示，Z 值为 1.878，在 10%显著性水平上为正，证明了中介效应的存在，即产业结构升级是工业智能化影响单要素碳排放绩效的传导路径之一。进一步地，为更精准检验产业结构升级的作用，本书选取产业结构合理化重新表征产业结构升级进行检验，检验结果如模型 4 与模型 5 所示，其中，模型 4 显示工业智能化对产业结构升级的回归，结果显示，工业智能化系数在 5%显著性水平上为正；模型 5 为工业智能化与产业结构升级对单要素碳排放绩效的回归，结果显示，工业智能化系数显著而产业结构升级系数不显著，为此需进行

Sobel 检验，检验结果显示，Z 值为 1.912，满足中介效应条件，因此，在以产业结构合理化替代产业结构升级指数后，产业结构升级依然在工业智能化对单要素碳排放绩效影响中表现出部分中介作用。

表 5-1　单要素碳排放绩效下产业结构升级中介效应检验

被解释变量	模型 1	模型 2	模型 3	模型 4	模型 5
	ceps	*is*	*ceps*	*is*	*ceps*
ind	0.0528 *	1.1390 **	0.0500 *	1.3180 **	0.0499 *
	(0.0295)	(0.4660)	(0.0293)	(0.5390)	(0.0293)
is			0.0024		0.0022
			(0.0021)		(0.0019)
gdp	0.1120 ***	0.9240 **	0.1090 ***	1.0960 **	0.1090 ***
	(0.0176)	(0.4110)	(0.0174)	(0.4950)	(0.0174)
trf	− 0.0082 **	− 0.1280 **	− 0.0079 **	− 0.1500 **	− 0.0078 **
	(0.0032)	(0.0582)	(0.0032)	(0.0676)	(0.0032)
enr	0.0342 **	0.2370 **	0.0336 **	0.2710 **	0.0336 **
	(0.0149)	(0.0973)	(0.0149)	(0.1120)	(0.0149)
fdi	− 0.0393	− 0.1890 *	− 0.0389	− 0.2210 *	− 0.0388
	(0.0261)	(0.1120)	(0.0260)	(0.1280)	(0.0260)
urb	− 0.2550 ***	− 0.5400	− 0.2540 ***	− 0.6100	− 0.2540 ***
	(0.0607)	(0.9350)	(0.0607)	(1.0850)	(0.0607)
fin	− 0.0028 **	0.0061	− 0.0028 **	0.0070	− 0.0028 **
	(0.0011)	(0.0057)	(0.0011)	(0.0066)	(0.0011)
_ *cons*	9.0270 ***	37.2800 ***	8.9360 ***	42.7100 ***	8.9350 ***
	(0.1270)	(6.9730)	(0.1320)	(8.0250)	(0.1330)
时间	Yes	Yes	Yes	Yes	Yes
地区	Yes	Yes	Yes	Yes	Yes
N	4202	4202	4202	4202	4202
R^2	0.924	0.617	0.925	0.618	0.925

表 5-1 从实证层面验证了产业结构升级在工业智能化与单要素碳排放绩效中的传导作用，那么这一中介效应是否在工业智能化与全要素碳排放绩效关系中依然存在呢？为此，本书根据中介效应模型进一步检验产业结

构升级的中介作用。全要素碳排放绩效下产业结构升级中介效应检验如表5-2所示。模型1至模型3为中介效应三步回归法，其中，模型1为工业智能化对全要素碳排放绩效的实证检验，结果显示，工业智能化系数在1%显著性水平上为正，表明工业智能化能够显著提升全要素碳排放绩效；模型2为工业智能化对产业结构升级的实证检验，结果显示，工业智能化系数在5%水平上显著为正，意味着工业智能化有助于推进产业结构升级；模型3为工业智能化与产业结构升级共同对全要素碳排放绩效的实证检验，结果显示，工业智能化与产业结构升级系数均显著为正，表明工业智能化既能直接作用于全要素碳排放绩效又能通过产业结构升级影响全要素碳排放绩效，证实了产业结构升级的部分中介作用。模型4与模型5为以产业结构合理化表征产业结构升级的检验，其中，模型4结果显示，工业智能化系数显著为正；模型5结果显示，工业智能化系数与产业结构升级系数均显著为正，证实了产业结构升级在工业智能化与全要素碳排放绩效中的中介作用。

表5-2　全要素碳排放绩效下产业结构升级中介效应检验

被解释变量	模型1	模型2	模型3	模型4	模型5
	$cepa$	is	$cepa$	is	$cepa$
ind	0.0504 ***	1.1390 **	0.0488 ***	1.3180 **	0.0489 ***
	(0.0137)	(0.4660)	(0.0136)	(0.5390)	(0.0136)
is			0.0014 *		0.0012 *
			(0.0008)		(0.0007)
gdp	0.0508 ***	0.9240 **	0.0496 ***	1.0960 **	0.0495 ***
	(0.0072)	(0.4110)	(0.0072)	(0.4950)	(0.0072)
trf	-0.0064 ***	-0.1280 **	-0.0062 ***	-0.1500 **	-0.0062 ***
	(0.0014)	(0.0582)	(0.0014)	(0.0676)	(0.0014)
enr	0.0156 ***	0.2370 **	0.0153 ***	0.2710 **	0.0153 ***
	(0.0048)	(0.0973)	(0.0048)	(0.1120)	(0.0048)
fdi	-0.0155 *	-0.1890 *	-0.0153 *	-0.2210 *	-0.0153 *
	(0.0091)	(0.1120)	(0.0091)	(0.1280)	(0.0091)

被解释变量	模型 1	模型 2	模型 3	模型 4	模型 5
	cepa	*is*	*cepa*	*is*	*cepa*
urb	− 0. 0630 ***	− 0. 5400	− 0. 0622 ***	− 0. 6100	− 0. 0623 ***
	(0. 0210)	(0. 9350)	(0. 0210)	(1. 0850)	(0. 0210)
fin	− 0. 0005 ***	0. 0061	− 0. 0005 ***	0. 0070	− 0. 0005 ***
	(0. 0001)	(0. 0057)	(0. 0001)	(0. 0066)	(0. 0001)
_ *cons*	0. 5710 ***	37. 2800 ***	0. 5200 ***	42. 7100 ***	0. 5210 ***
	(0. 0503)	(6. 9730)	(0. 0492)	(8. 0250)	(0. 0493)
时间	Yes	Yes	Yes	Yes	Yes
地区	Yes	Yes	Yes	Yes	Yes
N	4202	4202	4202	4202	4202
R^2	0. 790	0. 617	0. 790	0. 618	0. 790

基准回归从不同角度验证了产业结构升级在工业智能化与单要素碳排放绩效中的中介作用，但这一结论仍然需要进一步检验，以确保本书结论的可靠性。为此，本书通过样本筛选即剔除第一批低碳试点的省份与城市样本重新进行检验，检验结果如表 5 - 3 所示。模型 1 至模型 3 汇报了基于熵权法合成的产业结构升级指数作为中介变量的回归结果，结果显示，模型 1 与模型 2 中，工业智能化系数显著为正，表明工业智能化能够促进单要素碳排放绩效提升和产业结构升级；模型 3 中，工业智能化系数与产业结构升级系数均显著为正，满足中介效应条件，因此，在进行样本筛选后重新检验时，产业结构升级中介效应依然存在。模型 4 与模型 5 为以产业结构合理化表征产业结构升级的回归结果，模型 4 结果显示，工业智能化系数在 1% 显著性水平上为正，即在剔除低碳试点的省份与城市样本后工业智能化依然有助于产业结构升级；模型 5 结果显示，工业智能化系数与产业结构升级系数均在 5% 显著性水平上为正，证明产业结构升级中介效应存在，表明前述结论的可信性。总体来说，该稳健性检验证明了产业结构升级在工业智能化与单要素碳排放绩效中发挥部分中介作用这一结论的可靠性。

表 5 - 3　单要素碳排放绩效下产业结构升级中介效应稳健性检验

被解释变量	模型 1	模型 2	模型 3	模型 4	模型 5
	cepa	*is*	*cepa*	*is*	*cepa*
ind	0.0908 **	2.6650 ***	0.0805 **	3.0950 ***	0.0800 **
	(0.0414)	(0.9600)	(0.0402)	(1.1100)	(0.0401)
is			0.0039 **		0.0035 **
			(0.0017)		(0.0015)
gdp	0.1730 ***	0.7580 *	0.1700 ***	0.8860 *	0.1700 ***
	(0.0252)	(0.4300)	(0.0249)	(0.4980)	(0.0249)
trf	− 0.0093 **	− 0.2330 **	− 0.0084 *	− 0.2690 **	− 0.0084 *
	(0.0046)	(0.1050)	(0.0046)	(0.1210)	(0.0046)
enr	0.0917 ***	0.3550	0.0903 ***	0.4070	0.0902 ***
	(0.0289)	(0.2630)	(0.0288)	(0.3020)	(0.0287)
fdi	− 0.0741 **	− 0.469 *	− 0.0723 **	− 0.5390 *	− 0.0722 **
	(0.0327)	(0.2620)	(0.0325)	(0.2990)	(0.0325)
urb	− 0.2890 ***	− 2.1550 *	− 0.2800 ***	− 2.5090 *	− 0.2800 ***
	(0.0729)	(1.2150)	(0.0726)	(1.3930)	(0.0726)
fin	− 0.0024 **	0.0067	− 0.0024 **	0.0077	− 0.0024 **
	(0.0010)	(0.0062)	(0.0010)	(0.0071)	(0.0010)
_ *cons*	8.7310 ***	38.8300 ***	8.5810 ***	44.5800 ***	8.5760 ***
	(0.1490)	(6.8340)	(0.1400)	(7.8410)	(0.1390)
时间	Yes	Yes	Yes	Yes	Yes
地区	Yes	Yes	Yes	Yes	Yes
N	3145	3145	3145	3145	3145
R^2	0.930	0.632	0.930	0.635	0.930

表 5 - 3 基于样本筛选证实了产业结构升级在工业智能化与单要素碳排放绩效中发挥中介效应，那么产业结构升级这一中介效应在全要素碳排放绩效下作用是否依然稳健呢？为此，本书通过替换被解释变量重新检验全要素碳排放绩效下产业结构升级的中介效应，检验结果如表 5 - 4 所示。具体而言，对超效率 SBM 模型测算的全要素碳排放绩效替换超效率 EBM 模型测算的结果重新进行回归，结果如模型 1 至模型 3 所示。可知工业智能

化系数在模型 1 与模型 3 中均在 1% 显著性水平上为正，产业结构升级系数在模型 2 与模型 3 中均在 5% 显著性水平上为正，因此，工业智能化既能直接作用于全要素碳排放绩效又能通过产业结构升级影响全要素碳排放绩效，证实了产业结构升级的中介效应，与基准回归结论一致。模型 4 与模型 5 为以产业结构合理化表征产业结构升级的回归结果，综合模型 1、模型 4 与模型 5 可知，工业智能化系数与产业结构升级系数均显著为正，满足中介效应成立条件，表明产业结构升级确实在工业智能化与全要素碳排放绩效中发挥部分中介作用。

表 5 – 4   全要素碳排放绩效下产业结构升级中介效应稳健性检验

变量	模型 1	模型 2	模型 3	模型 4	模型 5
	cepa	is	cepa	is	cepa
ind	0.0569 ***	1.1390 **	0.0539 ***	1.3180 **	0.0540 ***
	(0.0145)	(0.4660)	(0.0143)	(0.5390)	(0.0143)
is			0.0026 **		0.0022 **
			(0.0010)		(0.0009)
gdp	0.0573 ***	0.9240 **	0.0549 ***	1.0960 **	0.0548 ***
	(0.0080)	(0.4110)	(0.0079)	(0.4950)	(0.0080)
trf	− 0.0092 ***	− 0.1280 **	− 0.0089 ***	− 0.1500 **	− 0.0089 ***
	(0.0017)	(0.0582)	(0.0017)	(0.0676)	(0.0017)
enr	0.0160 ***	0.2370 **	0.0154 ***	0.2710 **	0.0154 ***
	(0.0053)	(0.0973)	(0.0053)	(0.1120)	(0.0053)
fdi	− 0.0149	− 0.1890 *	− 0.0144	− 0.2210 *	− 0.0144
	(0.0104)	(0.1120)	(0.0103)	(0.1280)	(0.0103)
urb	− 0.1070 ***	− 0.5400	− 0.1060 ***	− 0.6100	− 0.1060 ***
	(0.0202)	(0.9350)	(0.0201)	(1.0850)	(0.0201)
fin	− 0.0004 ***	0.0061	− 0.0004 ***	0.0070	− 0.0004 ***
	(0.0001)	(0.0057)	(0.0001)	(0.0066)	(0.0001)
_ cons	0.4500 ***	37.2800 ***	0.3530 ***	42.7100 ***	0.3550 ***
	(0.0685)	(6.9730)	(0.0666)	(8.0250)	(0.0668)
时间	Yes	Yes	Yes	Yes	Yes
地区	Yes	Yes	Yes	Yes	Yes

续表

变量	模型 1	模型 2	模型 3	模型 4	模型 5
	cepa	*is*	*cepa*	*is*	*cepa*
N	4202	4202	4202	4202	4202
R^2	0.800	0.617	0.801	0.618	0.801

5.1.3　产业结构升级的贡献度分析

　　表 5 – 1、表 5 – 2 分别从实证角度证实了产业结构升级在工业智能化和单要素碳排放绩效与全要素碳排放绩效中的传导作用，那么产业结构升级在其中到底发挥多大作用，与总效应相比占据多大份额，即工业智能化通过产业结构升级影响碳排放绩效的作用及贡献度是多少？为此，本书重新基于模型（5.1）至模型（5.6），在理论分析中介效应大小与贡献度的基础上，基于不同实证结果评估产业结构升级在工业智能化与单要素碳排放绩效、工业智能化与全要素碳排放绩效中的传导作用及贡献度；与此同时，根据单要素碳排放绩效与全要素碳排放绩效中产业结构升级的不同作用及贡献度大小估算产业结构升级在工业智能化与碳排放绩效中的平均效应。具体而言，在中介效应成立的前提条件下，依据模型（5.1）至模型（5.6），首先，识别中介效应第一步中系数 β_1 的大小，其分别为工业智能化对单要素碳排放绩效和全要素碳排放绩效影响的总效应；其次，考察中介效应第二步中系数 α_1 的大小，此为工业智能化对中介变量产业结构升级的影响；最后，分析中介效应第三步中系数 γ_2 的大小，其分别是中介变量产业结构升级对单要素碳排放绩效和全要素碳排放绩效的影响。由上可知，工业智能化通过产业结构升级影响单要素碳排放绩效与全要素碳排放绩效的效应大小为 α_1 与 γ_2 之积，中介效应的贡献度为 α_1 与 γ_2 之积和 β_1 的比值，即（ $\alpha_1 \times \gamma_2$ ）/ β_1 。

　　为了考察产业结构升级在工业智能化与单要素碳排放绩效中的作用大小，本书在模型（5.1）至模型（5.3）的基础上对表 5 – 1 中的模型 1 至模型 3 回归结果进行分析，其中，中介效应第一步回归中，工业智能化对单要素碳排放绩效总的影响效应大小为 0.0528，即 β_1 值为 0.0528；中介效应第二步回归中，工业智能化对中介变量产业结构升级的影响效应为 1.1390，即 α_1 值为 1.1390；中介效应第三步回归中，中介变量产业结构升级对单要素碳排放绩效的影响效应为 0.0024，即 γ_2 值为 0.0024。因此，产业结构升级在工业智能化与单要素碳排放绩效中的传导效应大小为 0.0027，产业结构升级传导路径的贡献度为 5.17%。那么一个现实问题是，产业结构升级在工业智能化与全要素碳排放绩效中的作用大小及贡献度是否也如此呢？为此，本书在模型（5.4）至模型（5.6）的基础上借鉴表 5-2 的实证结果考察产业结构升级的传导效应，由模型 1 可知，中介效应第一步回归结果中工业智能化系数为 0.0504，即 β_1 值为 0.0504，表明工业智能化对全要素碳排放绩效的影响总效应为 0.0504；由模型 2 可知，中介效应第二步回归结果中工业智能化系数为 1.1390，即 β_1 值为 1.1390，表明工业智能化对产业结构升级的影响为 1.1390；由模型 3 可知，中介效应第二步回归结果中产业结构升级系数为 0.0014，即 γ_2 值为 0.0014，表明产业结构升级对全要素碳排放绩效影响为 0.0014。借鉴前述模型计算可知，产业结构升级在工业智能化与全要素碳排放绩效中的传导效应大小为 0.0016，产业结构升级传导路径的贡献度为 3.15%。综合单要素碳排放绩效与全要素碳排放绩效来看，产业结构升级在工业智能化与碳排放绩效中传导效应的均值为 0.0022，产业结构升级传导路径的平均贡献度为 4.16%。

5.2　要素优化配置的传导效应

5.2.1　模型构建与指标说明

基于前述理论分析与文献梳理，工业智能化可能通过促进要素优化配置提升碳排放绩效，但是仍然缺乏可信的定量研究。为此，本书在城市层面样本数据的基础上，实证检验要素优化配置在工业智能化对碳排放绩效中的传导作用，与前文类似，分别从单要素碳排放绩效与全要素碳排放绩效两个维度进行实证检验。在选择中介效应模型时，本书选取温忠麟等（2004）三步回归法进行检验，具体而言，为了检验要素优化配置在工业智能化对单要素碳排放绩效影响中的传导作用，本书构建如下计量模型：

$$ceps_{it} = \beta_0 + \beta_1\, ind_{it} + \beta_2\, X_{it} + \sigma_i + \tau_t + \varepsilon_{it} \tag{5.7}$$

$$df_{it} = \alpha_0 + \alpha_1\, ind_{it} + \alpha_2\, X_{it} + \sigma_i + \tau_t + \varepsilon_{it} \tag{5.8}$$

$$ceps_{it} = \gamma_0 + \gamma_1\, ind_{it} + \gamma_2\, df_{it} + \gamma_3\, X_{it} + \sigma_i + \tau_t + \varepsilon_{it} \tag{5.9}$$

为了检验要素优化配置在工业智能化对全要素碳排放绩效影响中的传导作用，本书构建如下计量模型：

$$cepa_{it} = \beta_0 + \beta_1\, ind_{it} + \beta_2\, X_{it} + \sigma_i + \tau_t + \varepsilon_{it} \tag{5.10}$$

$$df_{it} = \alpha_0 + \alpha_1\, ind_{it} + \alpha_2\, X_{it} + \sigma_i + \tau_t + \varepsilon_{it} \tag{5.11}$$

$$cepa_{it} = \gamma_0 + \gamma_1\, ind_{it} + \gamma_2\, df_{it} + \gamma_3\, X_{it} + \sigma_i + \tau_t + \varepsilon_{it} \tag{5.12}$$

其中，被解释变量 $ceps_{it}$ 为单要素碳排放绩效，$cepa_{it}$ 为全要素碳排放绩效，df_{it} 为要素优化配置，解释变量 ind_{it} 为工业智能化程度，控制变量集 X_{it} 与模型（4.1）及模型（4.2）完全一致，σ_i 表示城市固定效应，τ_t 表示时间固定效应，ε_{it} 表示随机干扰项。其中，要素优化配置采用要素扭曲程度反向表征，即要素扭曲程度越高表明要素配置效率越低；反之，要素扭曲程度越低意味着要素配置效率越高。然而，对于要素扭曲的测度，现有文献并未达成共识，前沿文献主要采用生产函数法、影子价格法及 SFA 等进行测度，其中，最常用的是基于 Hsieh 和 Klenow（2009）、白俊红和刘宇英（2018）的测算方法分别测算资本扭曲与劳动扭曲并合成要素扭曲，然而正如张杰等（2011）指出的，要素扭曲最根本的原因在于要素市场的发育落后于产品市场，中国政府对生产要素的管控可能成为要素扭曲的重要原因，基于此，他们提出采用要素市场与产品市场之间的扭曲程度表征要素市场扭曲，具体而言，要素市场扭曲 =（产品市场化程度 – 要素市场化程度）/产品市场化程度，当产品市场化程度与要素市场化程度完全吻合时，要素市场扭曲为零，即不存在要素市场扭曲，这一度量方式得到了普遍认同与使用（阚大学，2016；赵新宇等，2019），为此，本书在王小鲁等

（2018）市场化指数基础上，基于张杰等（2011）的测算思路构建并测度要素扭曲程度。

5.2.2　要素优化配置传导路径的分析

正如前文所述，工业智能化作为将先进智能化技术融入工业生产流程的新型工业形式，能够通过要素优化配置促进碳排放绩效提升。为此，本书基于模型（5.7）至模型（5.9）分别从实证层面检验要素优化配置在工业智能化与单要素碳排放绩效和全要素碳排放绩效中的传导作用。单要素碳排放绩效下要素优化配置效应中介效应检验如表5-5所示。其中，模型1至模型3为仅加入部分控制变量的检验结果，具体而言，模型1为工业智能化对单要素碳排放绩效的检验结果，结果显示，工业智能化系数在10%显著性水平上为正，表示工业智能化正向作用于单要素碳排放绩效；模型2为工业智能化对要素扭曲的作用结果，实证显示工业智能化系数在10%显著性水平上为负，意味着工业智能化能够抑制要素扭曲，即能够优化要素配置；模型3为将工业智能化与要素扭曲同时放入回归模型，结果显示，工业智能化系数在10%显著性水平上为正，要素扭曲系数在5%显著性水平上为负，表明工业智能化既能直接促进单要素碳排放绩效提升又能通过优化要素配置提升单要素碳排放绩效。模型4至模型6为加入全部控制变量的检验结果，其中，模型4为中介效应回归的第一步，即检验工业智能化是否与单要素碳排放绩效相关，结果显示，工业智能化促进了单要素碳排放绩效提升；模型5为中介效应回归的第二步，即检验工业智能化与中介变量要素扭曲的关系及作用方向，结果显示，工业智能化有利于缓解要素扭曲，即工业智能化能够优化要素配置；模型6为中介效应回归的第三步，将解释变量工业智能化与中介变量要素扭曲同时放入回归模型，结果显示，工业智能化与要素扭曲均显著且作用方向符合预期，即证明了要素优化配置在工业智能化与单要素碳排放绩效中的传导作用，从侧面证实了前述理论模型的可靠性。

表 5 – 5　单要素碳排放绩效下要素优化配置中介效应检验

被解释变量	模型 1	模型 2	模型 3	模型 4	模型 5	模型 6
	ceps	df	ceps	ceps	df	ceps
ind	0.0532 *	− 0.0299 *	0.0516 *	0.0528 *	− 0.0291 *	0.0513 *
	(0.0310)	(0.0156)	(0.0311)	(0.0295)	(0.0155)	(0.0296)
df			− 0.0535 **			− 0.0512 **
			(0.0221)			(0.0217)
gdp	0.1190 ***	− 0.0135 **	0.1180 ***	0.1120 ***	− 0.0139 **	0.1110 ***
	(0.0186)	(0.0056)	(0.0186)	(0.0176)	(0.0056)	(0.0176)
trf	− 0.0090 ***	0.0015	− 0.0090 ***	− 0.0082 **	0.0017	− 0.0080 **
	(0.0033)	(0.0012)	(0.0033)	(0.0032)	(0.0012)	(0.0032)
enr				0.0342 **	− 0.0053	0.0339 **
				(0.0149)	(0.0103)	(0.0147)
fdi				− 0.0393	− 0.0069	− 0.0397
				(0.0261)	(0.0115)	(0.0260)
urb				− 0.2550 ***	0.0422	− 0.2530 ***
				(0.0607)	(0.0328)	(0.0608)
fin				− 0.0028 **	− 0.0000	− 0.0028 **
				(0.0011)	(0.0001)	(0.0011)
_ cons	8.9410 ***	0.0041	8.9410 ***	9.0270 ***	− 0.0038	9.0270 ***
	(0.1300)	(0.0302)	(0.1300)	(0.1270)	(0.0321)	(0.1270)
时间	Yes	Yes	Yes	Yes	Yes	Yes
地区	Yes	Yes	Yes	Yes	Yes	Yes
N	4202	4202	4202	4202	4202	4202
R^2	0.919	0.531	0.919	0.924	0.531	0.925

全要素碳排放绩效下要素优化配置效应中介效应检验如表 5 – 6 所示。与单要素碳排放绩效一样，表 5 – 6 模型 1 至模型 3 为仅有部分控制变量经济发展和交通设施的回归结果，具体而言，模型 1 为工业智能化对全要素碳排放绩效的实证检验，结果显示，工业智能化系数在 1% 显著性水平上为正，表明工业智能化有助于全要素碳排放绩效提升；模型 2 为工业智能化对要素扭曲的回归结果，结果显示，工业智能化系数在 10% 显著性水平

上为负，表明工业智能化能够缓解要素扭曲；模型 3 为同时加入工业智能化与要素扭曲的回归结果，结果显示，工业智能化在 1% 显著性水平上为正，要素扭曲在 1% 显著性水平上为负，证实了要素配置效应的中介作用。模型 4 至模型 6 为加入所有控制变量的检验结果，与模型 1 至模型 3 一样，模型 4 为中介效应模型的第一步，即考察解释变量与被解释变量的关系，结果显示，解释变量工业智能化系数在 1% 显著性水平上为正，表明工业智能化发挥正向激励作用；模型 5 为中介效应模型的第二步，即检验解释变量与中介变量的关系，结果显示，解释变量工业智能化系数显著为负，表明工业智能化能够缓解要素扭曲，促进要素市场与产品市场合理配置；模型 6 为中介效应模型的第三步，即考察解释变量与中介变量共同作用下被解释变量如何变化，发现解释变量工业智能化系数方向和中介变量要素扭曲系数方向分别与模型 4、模型 5 一致，证实了要素优化配置的部分中介效应。

表 5 - 6　全要素碳排放绩效下要素优化配置效应中介效应检验

被解释变量	模型 1	模型 2	模型 3	模型 4	模型 5	模型 6
	cepa	*df*	*cepa*	*cepa*	*df*	*cepa*
ind	0.0507 ***	- 0.0299 *	0.0494 ***	0.0504 ***	- 0.0291 *	0.0492 ***
	(0.0137)	(0.0156)	(0.0137)	(0.0137)	(0.0155)	(0.0137)
df			- 0.0440 ***			- 0.0434 ***
			(0.0101)			(0.0100)
gdp	0.0522 ***	- 0.0135 **	0.0516 ***	0.0508 ***	- 0.0139 **	0.0502 ***
	(0.0073)	(0.0056)	(0.0073)	(0.0072)	(0.0056)	(0.0072)
trf	- 0.0065 ***	0.0015	- 0.0064 ***	- 0.0064 ***	0.0017	- 0.0063 ***
	(0.0014)	(0.0012)	(0.0014)	(0.0014)	(0.0012)	(0.0014)
enr				0.0156 ***	- 0.0053	0.0154 ***
				(0.0048)	(0.0103)	(0.0047)
fdi				- 0.0155 *	- 0.0069	- 0.0158 *
				(0.0091)	(0.0115)	(0.0060)
urb				- 0.0630 ***	0.0422	- 0.0612 ***
				(0.0210)	(0.0328)	(0.0211)

被解释变量	模型 1	模型 2	模型 3	模型 4	模型 5	模型 6
	cepa	*df*	*cepa*	*cepa*	*df*	*cepa*
fin				-0.0005 ***	-0.0000	-0.0005 ***
				(0.0001)	(0.0001)	(0.0001)
_ *cons*	0.5560 ***	0.0041	0.5560 ***	0.5710 ***	-0.0038	0.5710 ***
	(0.0513)	(0.0302)	(0.0510)	(0.0503)	(0.0321)	(0.0500)
时间	Yes	Yes	Yes	Yes	Yes	Yes
地区	Yes	Yes	Yes	Yes	Yes	Yes
N	4202	4202	4202	4202	4202	4202
R^2	0.786	0.531	0.788	0.790	0.531	0.791

前文研究分别从单要素碳排放绩效与全要素碳排放绩效两个维度检验了要素优化配置效应的传导效应，且证实了要素优化配置在工业智能化与碳排放绩效中发挥部分中介作用。但这一结论仍可能存在一定的随机性，为此本书进一步检验结论的可靠性。与基准回归一样，本书分别从单要素碳排放绩效与全要素碳排放绩效两个维度进行检验。单要素碳排放绩效下要素优化配置效应中介效应稳健性检验，主要通过剔除碳排放强度较高样本与加入可能的遗漏变量两种方式进行检验，如表 5－7 所示。具体而言，模型 1 至模型 3 为剔除碳排放强度较高省份所辖城市样本，即剔除宁夏、内蒙古、新疆、山西等省份地级市样本重新检验要素优化配置效应的中介作用，检验结果显示，在第一步中工业智能化系数显著为正，在第二步中工业智能化系数显著为负，在第三步中工业智能化系数为正而要素扭曲系数为负，满足中介效应检验条件，证实了要素优化配置在工业智能化与单要素碳排放绩效中发挥中介作用。模型 4 至模型 6 为加入人口密度后重新进行检验，实证结果显示，工业智能化系数显著为正而要素扭曲系数显著为负，与基准回归结果基本一致，表明中介效应成立，即要素优化配置在工业智能化与单要素碳排放绩效中发挥中介作用。

表5-7　单要素碳排放绩效下要素优化配置效应中介效应稳健性检验

被解释变量	模型1	模型2	模型3	模型4	模型5	模型6
	ceps	df	ceps	ceps	df	ceps
ind	0.0579 *	-0.0301 *	0.0559 *	0.0536 *	-0.0290 *	0.0520 *
	(0.0302)	(0.0159)	(0.0304)	(0.0294)	(0.0155)	(0.0295)
df			-0.0684 ***			-0.0536 **
			(0.0235)			(0.0216)
gdp	0.1010 ***	-0.0179 ***	0.1000 ***	0.1210 ***	-0.0118 **	0.1200 ***
	(0.0186)	(0.0057)	(0.0186)	(0.0192)	(0.0058)	(0.0192)
trf	-0.0060 *	0.0041 ***	-0.0057	-0.0067 **	0.0020	-0.0066 **
	(0.0036)	(0.0012)	(0.0036)	(0.0031)	(0.0012)	(0.0031)
enr	0.0268 **	0.0008	0.0268 **	0.0349 **	-0.0051	0.0347 **
	(0.0131)	(0.0092)	(0.0129)	(0.0153)	(0.0102)	(0.0151)
fdi	-0.0394	-0.0169 *	-0.0405	-0.0375	-0.0065	-0.0379
	(0.0285)	(0.0094)	(0.0287)	(0.0251)	(0.0116)	(0.0250)
urb	-0.2500 ***	0.0336	-0.2480 ***	-0.2480 ***	0.0438	-0.2460 ***
	(0.0641)	(0.0340)	(0.0642)	(0.0607)	(0.0328)	(0.0608)
fin	-0.0024 ***	-0.0000	-0.0024 ***	-0.0028 **	-0.0000	-0.0028 **
	(0.0009)	(0.0001)	(0.0009)	(0.0011)	(0.0001)	(0.0011)
pod				0.3100 ***	0.0690 **	0.3130 ***
				(0.1030)	(0.0280)	(0.1030)
_cons	9.0550 ***	-0.0165	9.0540 ***	8.9490 ***	-0.0213	8.9470 ***
	(0.1280)	(0.0321)	(0.1280)	(0.1340)	(0.0345)	(0.1340)
时间	Yes	Yes	Yes	Yes	Yes	Yes
地区	Yes	Yes	Yes	Yes	Yes	Yes
N	3813	3813	3813	4202	4202	4202
R^2	0.913	0.514	0.913	0.925	0.531	0.925

与表5-7类似，为检验要素优化配置效应在工业智能化与全要素碳排放绩效中的作用是否稳健，本书进一步从替换被解释变量与数据缩尾两个维度出发进行检验。全要素碳排放绩效下要素优化配置中介效应稳健性检验结果如表5-8所示。其中，模型1至模型3为以超效率SBM模型测算的全要素碳排放绩效替换被解释变量进行检验，模型4至模型6为对样本

127

数据进行 10% 数据缩尾检验。具体而言，模型 1 回归结果显示，在替换被解释变量后，工业智能化系数依然在 1% 显著性水平上为正，表明工业智能化有助于全要素碳排放绩效提升；模型 2 回归结果显示，工业智能化系数在 10% 显著性水平上为负，意味着工业智能化能够减缓要素扭曲；模型 3 回归结果显示，工业智能化系数显著为正而要素扭曲系数显著为负，表明工业智能化能够通过缓解要素扭曲与优化要素配置促进全要素碳排放绩效提升，证实了基准结论的稳健性；模型 4 为数据缩尾 10% 后的实证回归，结果显示，工业智能化系数在 1% 显著性水平上为正，证实了工业智能化的正向作用；模型 5 为工业智能化对中介变量要素扭曲的实证检验，工业智能化系数显著为负，与前述研究一致；模型 6 为工业智能化与要素扭曲对全要素碳排放绩效的回归结果，工业智能化与要素扭曲系数显著性及方向均和基准回归完全一致，证实了结论的可靠性，即要素优化配置在工业智能化与全要素碳排放绩效中发挥部分中介作用。

表 5-8　全要素碳排放绩效下要素优化配置中介效应稳健性检验

被解释变量	模型 1	模型 2	模型 3	模型 4	模型 5	模型 6
	cepa	df	cepa	cepa	df	cepa
ind	0.0569 ***	-0.0291 *	0.0561 ***	0.0534 ***	-0.0683 *	0.0519 ***
	(0.0145)	(0.0155)	(0.0145)	(0.0170)	(0.0390)	(0.0170)
df			-0.0272 ***			-0.0215 ***
			(0.0104)			(0.0068)
gdp	0.0573 ***	-0.0139 **	0.0569 ***	0.0997 ***	-0.0583 ***	0.0985 ***
	(0.0080)	(0.0056)	(0.0080)	(0.0077)	(0.0112)	(0.0077)
trf	-0.0092 ***	0.00165	-0.0092 ***	-0.0076 ***	0.0030	-0.0075 ***
	(0.0017)	(0.0012)	(0.0017)	(0.0014)	(0.0027)	(0.0014)
enr	0.0160 ***	-0.0053	0.0159 ***	0.0007	-0.0052	0.0006
	(0.0053)	(0.0103)	(0.0052)	(0.0070)	(0.0169)	(0.0070)
fdi	-0.0149	-0.0069	-0.0151	-0.1530 **	-1.3820 ***	-0.1830 **
	(0.0104)	(0.0115)	(0.0103)	(0.0708)	(0.1710)	(0.0709)
urb	-0.1070 ***	0.0422	-0.1060 ***	0.00001	0.1030 ***	0.0022
	(0.0202)	(0.0328)	(0.0203)	(0.0155)	(0.0353)	(0.0155)

被解释变量	模型 1	模型 2	模型 3	模型 4	模型 5	模型 6
	cepa	df	cepa	cepa	df	cepa
fin	− 0. 0004 ***	− 0. 0000	− 0. 0004 ***	− 0. 0083 ***	0. 0085 ***	− 0. 0081 ***
	(0. 0001)	(0. 0001)	(0. 0001)	(0. 0016)	(0. 0031)	(0. 0016)
_ cons	0. 4500 ***	− 0. 0038	0. 4500 ***	0. 4180 ***	0. 1040 ***	0. 4210 ***
	(0. 0685)	(0. 0321)	(0. 0683)	(0. 0270)	(0. 0398)	(0. 0270)
时间	Yes	Yes	Yes	Yes	Yes	Yes
地区	Yes	Yes	Yes	Yes	Yes	Yes
N	4202	4202	4202	4202	4202	4202
R^2	0. 800	0. 531	0. 800	0. 779	0. 544	0. 779

5.2.3　要素优化配置的贡献度分析

表 5 -5、表 5 -6 基于前述理论模型及模型（5.7）至模型（5.12）对要素优化配置在工业智能化与单要素碳排放绩效和全要素碳排放绩效中的传导路径进行检验，证实了要素优化配置传导效应的存在。那么，在单要素碳排放绩效和全要素碳排放绩效下，要素优化配置到底发挥多大的传导效应成为关注的重点。为此，本节重新审视表 5 -5 与表 5 -6 的实证结果，试图回答以下两个重要问题：一是工业智能化通过要素优化配置影响碳排放绩效的间接效应有多大，在单要素碳排放绩效与全要素碳排放绩效下的差异是否明显；二是要素优化配置这一传导路径的贡献度如何，即能够在多大程度上解释这一间接效应？在探究要素优化配置传导路径效应大小及贡献度的过程中，重点关注模型（5.7）至模型（5.12）中系数 β_1、α_1 和 γ_2 的大小，即中介效应模型第一步与第二步中工业智能化的系数和第三步中要素优化配置的系数大小，其中，中介效应模型第一步中工业智能化的系数 β_1 表示工业智能化对碳排放绩效影响的总效应，中介效应模型第二步中工业智能化系数 α_1 表示工业智能化对中介变量要素优化配置的影响大小，中介效应模型第三步中要素优化配置系数 γ_2 表示中介变量要素优化配置对碳排放绩效的影响大小。而 α_1 与 γ_2 之积表示中介变量要素

优化配置传导路径的大小，其与总效应 β_1 的比值即为中介变量要素优化配置传导路径的贡献度。

　　基于前述分析，本节先分别考察要素优化配置在工业智能化对单要素碳排放绩效和全要素碳排放绩效中的传导效应及贡献度。根据模型（5.7）至模型（5.9）的回归结果表 5-5 可知，模型 4 为中介效应第一步回归结果，其中，工业智能化系数为 0.0528，即 β_1 值为 0.0528，表明工业智能化对单要素碳排放绩效的总效应为 0.0528；模型 5 为中介效应第二步回归结果，其中，工业智能化系数为 -0.0291，即 α_1 值为 -0.0291，表明工业智能化对中介变量要素扭曲（以要素扭曲反向表征要素优化配置）的影响大小为 -0.0291；模型 6 为中介效应第三步回归结果，其中，要素扭曲的系数为 -0.0512，即 γ_2 值为 -0.0512，表明中介变量要素扭曲对单要素碳排放绩效的影响为 -0.0512。因此，通过将 α_1 与 γ_2 相乘计算可知要素优化配置传导效应的大小为 0.0015，再与 β_1 相除可知中介变量要素优化配置的贡献度为 2.82%。与此同时，本书进一步根据模型（5.10）至模型（5.12）和表 5-6 评估中介变量要素优化配置在工业智能化对全要素碳排放绩效中的传导效应及贡献度。其中，模型 4、模型 5 与模型 6 分别为中介效应的不同步骤。模型 4 结果显示，工业智能化系数 β_1 为 0.0504，意味着工业智能化对全要素碳排放绩效的影响为 0.0504；模型 5 结果显示，工业智能化系数 α_1 为 -0.0291，表明工业智能化对要素扭曲的影响为 -0.0291；模型 6 结果显示，要素扭曲系数 γ_2 为 -0.0434，表明要素扭曲对全要素碳排放绩效的影响为 -0.0434。因此，通过计算可知要素优化配置的传导效应为 0.0013，在与 β_1 相比后可知中介变量要素优化配置的贡献度为 2.50%。综合分析单要素碳排放绩效和全要素碳排放绩效下要素优化配置的中介效应可知，要素优化配置在工业智能化与碳排放绩效中传导效应的均值为 0.0014，要素优化配置传导路径的平均贡献度为 2.66%。

5.3　技术进步的传导效应

5.3.1　模型构建与指标说明

理论分析显示，工业智能化能够通过促进技术进步提升碳排放绩效，那么这一结论能否获得经验证据的支撑呢？本书在选取城市层面面板数据的基础上，基于实证检验考察技术进步效应在工业智能化与碳排放绩效中的中介效应。与前文一致，本书分别从单要素碳排放绩效与全要素碳排放绩效两个角度进行检验。因此，为了检验技术进步效应在工业智能化对单要素碳排放绩效影响中的传导作用，本书构建如下计量模型：

$$ceps_{it} = \beta_0 + \beta_1\, ind_{it} + \beta_2\, X_{it} + \sigma_i + \tau_t + \varepsilon_{it} \tag{5.13}$$

$$tec_{it} = \alpha_0 + \alpha_1\, ind_{it} + \alpha_2\, X_{it} + \sigma_i + \tau_t + \varepsilon_{it} \tag{5.14}$$

$$ceps_{it} = \gamma_0 + \gamma_1\, ind_{it} + \gamma_2\, tec_{it} + \gamma_3\, X_{it} + \sigma_i + \tau_t + \varepsilon_{it} \tag{5.15}$$

为了检验技术进步效应在工业智能化对全要素碳排放绩效影响中的传导作用，本书构建如下计量模型：

$$cepa_{it} = \beta_0 + \beta_1\, ind_{it} + \beta_2\, X_{it} + \sigma_i + \tau_t + \varepsilon_{it} \tag{5.16}$$

$$tec_{it} = \alpha_0 + \alpha_1\, ind_{it} + \alpha_2\, X_{it} + \sigma_i + \tau_t + \varepsilon_{it} \tag{5.17}$$

$$cepa_{it} = \gamma_0 + \gamma_1\, ind_{it} + \gamma_2\, tec_{it} + \gamma_3\, X_{it} + \sigma_i + \tau_t + \varepsilon_{it} \tag{5.18}$$

其中，被解释变量 $ceps_{it}$ 为单要素碳排放绩效，$cepa_{it}$ 为全要素碳排放绩效，tec_{it} 为技术进步效应；解释变量 ind_{it} 为工业智能化程度；控制变量集 X_{it} 与模型（4.1）及模型（4.2）完全一致；σ_i 表示城市固定效应，τ_t 表示时间固定效应，ε_{it} 表示随机干扰项。对于如何表征技术进步，现有文献分别从创新投入、创新产出及创新能力 3 个方面展开研究，具体而言，学者分别选取创新人员或创新资本投入（沈小波等，2021）、专利（董直庆、王辉，2021）、《中国城市和产业创新力报告 2017》公布的城市创新能力（刘屏、江鑫，2021）、全要素生产率（田云、尹忞昊，2021）等度量技术进步，本书在现有研究的基础上选取科学事业费支出占预算内支出的比重表征技术进步，并进一步选取人均发明专利度量技术进步进行对照检验。

5.3.2 技术进步传导路径的分析

为了检验技术进步效应在工业智能化与单要素碳排放绩效中的作用，本书借鉴模型（5.3）至模型（5.15），从实证角度进行验证，检验结果如表5-9模型1至模型3所示。其中，模型1为工业智能化对单要素碳排放绩效的回归结果，结果显示，工业智能化系数在10%显著性水平上为正，表明工业智能化有助于单要素碳排放绩效提升；模型2为工业智能化对技术进步的回归结果，结果表明，工业智能化系数在1%显著性水平上为正，意味着工业智能化能够促进技术进步提升；模型3为工业智能化与技术进步共同对单要素碳排放绩效的回归结果，结果显示，工业智能化系数与技术进步系数分别在10%显著性水平和1%显著性水平上为正，表明工业智能化既能直接作用于单要素碳排放绩效，又能通过技术进步效应影响单要素碳排放绩效，意味着技术进步在工业智能化与单要素碳排放绩效中发挥部分中介效应。本书进一步基于以人均发明专利表征的技术进步与纵横向拉开档次法测算的工业智能化中介效应模型进行检验，检验结果如表5-9模型4至模型6所示。其中，模型4结果显示，工业智能化系数在1%显著性水平上为正，满足中介效应第一步成立条件；模型5结果显示，工业智能化系数在1%显著性水平上为正，表明工业智能化正向影响技术进步，符合中介效应的第二步设定；模型6结果显示，工业智能化系数与技术进步系数均在1%显著性水平上为正，证实了工业智能化能够通过技术进步影响单要素碳排放绩效，表明技术进步在工业智能化与单要素碳排放绩效中发挥部分中介效应。

表5-9 单要素碳排放绩效下技术进步效应中介效应检验

被解释变量	模型1	模型2	模型3	模型4	模型5	模型6
	ceps	*tec*	*ceps*	*ceps*	*tec*	*ceps*
ind	0.0528*	0.0127***	0.0485*	2.7190***	79.3500***	1.7330***
	(0.0295)	(0.0031)	(0.0295)	(0.2970)	(9.7810)	(0.2530)

被解释变量	模型 1	模型 2	模型 3	模型 4	模型 5	模型 6
	ceps	*tec*	*ceps*	*ceps*	*tec*	*ceps*
tec			0.3330 ***			0.0124 ***
			(0.0923)			(0.0011)
gdp	0.1120 ***	−0.0037 **	0.1130 ***	0.1110 ***	−1.5180 **	0.1300 ***
	(0.0176)	(0.0014)	(0.0176)	(0.0166)	(0.7340)	(0.0181)
trf	−0.0082 **	0.0008 **	−0.0084 ***	−0.0090 ***	0.4440 ***	−0.0145 ***
	(0.0032)	(0.0004)	(0.0032)	(0.0030)	(0.1450)	(0.0028)
enr	0.0342 **	0.0061 ***	0.0322 **	0.0433 ***	−0.1560	0.0452 **
	(0.0149)	(0.0018)	(0.0148)	(0.0159)	(0.2840)	(0.0176)
fdi	−0.0393	−0.0044	−0.0378	−0.0315	0.3590	−0.0360 *
	(0.0261)	(0.0032)	(0.0257)	(0.0248)	(0.4900)	(0.0198)
urb	−0.2550 ***	−0.0243 ***	−0.2470 ***	−0.1580 ***	−5.3460 ***	−0.0919 *
	(0.0607)	(0.0063)	(0.0606)	(0.0573)	(1.4490)	(0.0542)
fin	−0.0028 **	−0.00005 ***	−0.0028 **	−0.0025 **	−0.0111	−0.0024 **
	(0.0011)	(0.0000)	(0.0011)	(0.0011)	(0.0098)	(0.0009)
_ *cons*	9.0270 ***	−0.0093	9.0300 ***	8.3350 ***	7.0970	8.2470 ***
	(0.1270)	(0.0076)	(0.1270)	(0.1230)	(5.2390)	(0.1130)
时间	Yes	Yes	Yes	Yes	Yes	Yes
地区	Yes	Yes	Yes	Yes	Yes	Yes
N	4202	4202	4202	4202	4202	4202
R^2	0.924	0.801	0.925	0.929	0.619	0.935

　　与表 5-9 一样，本书接下来从全要素碳排放绩效角度出发实证考察技术进步的中介效应，结果如表 5-10 所示。其中，模型 1 为工业智能化对全要素碳排放绩效的实证检验，结果显示，工业智能化系数在 1% 显著性水平上为正，表明工业智能化有助于全要素碳排放绩效提升；模型 2 为工业智能化对技术进步的实证检验，结果显示，工业智能化系数在 1% 显著性水平上为正，表明工业智能化能够提升技术进步；模型 3 为工业智能化与技术进步共同对全要素碳排放绩效的实证检验，结果显示，工业智能化系数与技术进步系数分别在 1% 显著性水平和 5% 显著性水平上为正，表明

工业智能化既能直接作用于全要素碳排放绩效又能通过技术进步作用于全要素碳排放绩效，表明技术进步发挥部分中介效应。模型4至模型6与表5-9一样，对人均发明专利表征的技术进步与纵横向拉开档次法测算的工业智能化重新进行检验，结果显示，无论是单独回归还是同时回归，工业智能化系数与技术进步系数均在1%显著性水平上为正，证实了技术进步在工业智能化与全要素碳排放绩效中的部分中介效应。

表5-10 全要素碳排放绩效下技术进步效应中介效应检验

被解释变量	模型1 cepa	模型2 tec	模型3 cepa	模型4 cepa	模型5 tec	模型6 cepa
ind	0.0504*** (0.0137)	0.0127*** (0.0031)	0.0492*** (0.0137)	0.8290*** (0.1170)	79.3500*** (9.7810)	0.7140*** (0.1170)
tec			0.0986** (0.0388)			0.0015*** (0.0005)
gdp	0.0508*** (0.0072)	-0.0037** (0.0014)	0.0512*** (0.0072)	0.0504*** (0.0070)	-1.5180** (0.7340)	0.0526*** (0.0075)
trf	-0.0064*** (0.0014)	0.0008** (0.0004)	-0.0065*** (0.0014)	-0.0066*** (0.0014)	0.4440*** (0.1450)	-0.0072*** (0.0014)
enr	0.0156*** (0.0048)	0.0061*** (0.0018)	0.0150*** (0.0048)	0.0185*** (0.0050)	-0.1560 (0.2840)	0.0187*** (0.0052)
fdi	-0.0155* (0.0091)	-0.0044 (0.0032)	-0.0151* (0.0090)	-0.0131 (0.0087)	0.3590 (0.4900)	-0.0136* (0.0081)
urb	-0.0630*** (0.0210)	-0.0243*** (0.0063)	-0.0606*** (0.0209)	-0.0353* (0.0201)	-5.3460*** (1.4490)	-0.0275 (0.0202)
fin	-0.0005*** (0.0001)	-0.0001*** (0.0000)	-0.0005*** (0.0001)	-0.0004*** (0.0001)	-0.0111 (0.0098)	-0.0004*** (0.0001)
_cons	0.5710*** (0.0503)	-0.0093 (0.0076)	0.5720*** (0.0503)	0.3650*** (0.0528)	7.0970 (5.2390)	0.3550*** (0.0512)
时间	Yes	Yes	Yes	Yes	Yes	Yes
地区	Yes	Yes	Yes	Yes	Yes	Yes
N	4202	4202	4202	4202	4202	4202
R^2	0.790	0.801	0.790	0.794	0.619	0.796

　　表 5 - 9 从不同角度验证了技术进步在工业智能化与单要素碳排放绩效中的作用，但仍然可能存在样本选择及指标选取等造成的偏误，为此，本书继续从数据处理与指标替换两个维度出发进行稳健性检验，检验结果如表 5 - 11 所示。其中，模型 1 至模型 3 为对全样本进行 5% 数据缩尾后的重新检验。具体而言，模型 1 结果显示，工业智能化系数在 1% 显著性水平上为正，意味着工业智能化有助于单要素碳排放绩效提升；模型 2 结果显示，工业智能化系数在 1% 显著性水平上为正，即工业智能化能够提升技术进步；模型 3 结果显示，工业智能化系数与技术进步系数均显著为正，证实了技术进步的部分中介效应，证明了表 5 - 9 结论的可靠性。模型 4 至模型 6 为以机器人渗透率表征工业智能化的回归结果，结果显示，无论是解释变量工业智能化对被解释变量单要素碳排放绩效回归，还是解释变量工业智能化对中介变量技术进步回归，抑或是解释变量工业智能化与中介变量技术进步对被解释变量单要素碳排放绩效回归，解释变量工业智能化系数与中介变量技术进步系数均在 1% 显著性水平上为正，表明技术进步部分中介效应成立，证实了前述结论的可靠性。

表 5 - 11　单要素碳排放绩效下技术进步效应中介效应稳健性检验

被解释变量	模型 1	模型 2	模型 3	模型 4	模型 5	模型 6
	ceps	tec	ceps	ceps	tec	ceps
ind	0.178 ***	0.0322 ***	0.1740 ***	0.2450 ***	0.0082 ***	0.2430 ***
	(0.0375)	(0.0063)	(0.0375)	(0.0215)	(0.0020)	(0.0214)
tec			0.1270 *			0.2360 ***
			(0.0736)			(0.0836)
gdp	0.1860 ***	-0.0047 **	0.1860 ***	0.1090 ***	-0.0039 ***	0.1100 ***
	(0.0216)	(0.0021)	(0.0216)	(0.0160)	(0.0014)	(0.0160)
trf	-0.0186 ***	-0.0000	-0.0186 ***	-0.0084 ***	0.0009 **	-0.0086 ***
	(0.0038)	(0.0007)	(0.0038)	(0.0030)	(0.0004)	(0.0031)
enr	-0.0053	0.0076 **	-0.0063	0.0382 **	0.0062 ***	0.0367 **
	(0.0172)	(0.0037)	(0.0171)	(0.0164)	(0.0018)	(0.0163)
fdi	-0.6540 ***	-0.1070 ***	-0.6400 ***	-0.0531 ***	-0.0049	-0.0520 ***
	(0.1730)	(0.0267)	(0.1740)	(0.0203)	(0.0031)	(0.0201)

被解释变量	模型1	模型2	模型3	模型4	模型5	模型6
	ceps	tec	ceps	ceps	tec	ceps
urb	-0.0366	-0.0268***	-0.0332	-0.1690***	-0.0220***	-0.1630***
	(0.0523)	(0.0065)	(0.0522)	(0.0573)	(0.0063)	(0.0572)
fin	-0.0238***	-0.0007**	-0.0238***	-0.0025***	-0.0000**	-0.0025***
	(0.0047)	(0.0003)	(0.0047)	(0.0009)	(0.0000)	(0.0009)
_cons	8.2500***	0.0013	8.2500***	8.6990***	-0.0185**	8.7040***
	(0.0957)	(0.0092)	(0.0958)	(0.0859)	(0.0084)	(0.0856)
时间	Yes	Yes	Yes	Yes	Yes	Yes
地区	Yes	Yes	Yes	Yes	Yes	Yes
N	4202	4202	4202	4202	4202	4202
R^2	0.933	0.801	0.933	0.931	0.801	0.932

与单要素碳排放绩效一样，为了验证技术进步在工业智能化与全要素碳排放绩效中的传导作用，本书进一步从指标替换角度进行稳健性检验，检验结果如表5-12所示。其中，模型1至模型3为机器人渗透率的回归结果。具体而言，模型1检验结果显示，工业智能化系数在1%显著性水平上为正，表明在替换解释变量后工业智能化依然有助于全要素碳排放绩效；模型2结果显示，工业智能化系数在1%显著性水平上为正，意味着工业智能化有助于提升技术进步；模型3实证结果显示，工业智能化与技术进步系数均显著为正，意味着在替换工业智能化度量指标后技术进步依然在工业智能化与全要素碳排放绩效中发挥部分中介效应。模型4至模型6为以人均发明专利表征技术进步的回归结果，结果显示，在三步回归法中，工业智能化系数与技术进步系数均在1%显著性水平上为正，证实了技术进步部分中介效应的存在，表明前述结论是可信的。

表5-12 全要素碳排放绩效下技术进步效应中介效应稳健性检验

被解释变量	模型1	模型2	模型3	模型4	模型5	模型6
	cepa	tec	cepa	cepa	tec	cepa
ind	0.0553***	0.0082***	0.0546***	0.0504***	2.9160***	0.0444***
	(0.0068)	(0.0020)	(0.0069)	(0.0137)	(0.8720)	(0.0131)

续表

被解释变量	模型 1	模型 2	模型 3	模型 4	模型 5	模型 6
	cepa	tec	cepa	cepa	tec	cepa
tec			0. 0860 **			0. 0021 ***
			(0. 0395)			(0. 0005)
gdp	0. 0499 ***	− 0. 0039 ***	0. 0502 ***	0. 0508 ***	− 1. 4910 **	0. 0539 ***
	(0. 0071)	(0. 0014)	(0. 0071)	(0. 0072)	(0. 7580)	(0. 0077)
trf	− 0. 0063 ***	0. 0009 **	− 0. 0064 ***	− 0. 0064 ***	0. 4640 ***	− 0. 0074 ***
	(0. 0014)	(0. 0004)	(0. 0014)	(0. 0014)	(0. 1510)	(0. 0015)
enr	0. 0166 ***	0. 0062 ***	0. 0161 ***	0. 0156 ***	− 0. 4260	0. 0165 ***
	(0. 0051)	(0. 0018)	(0. 0051)	(0. 0048)	(0. 3340)	(0. 0050)
fdi	− 0. 0185 **	− 0. 0049	− 0. 0181 **	− 0. 0155 *	0. 1270	− 0. 0158 *
	(0. 0077)	(0. 0031)	(0. 0076)	(0. 0091)	(0. 5270)	(0. 0083)
urb	− 0. 0455 **	− 0. 0220 ***	− 0. 0436 **	− 0. 0630 ***	− 8. 1030 ***	− 0. 0462 **
	(0. 0204)	(0. 0063)	(0. 0204)	(0. 0210)	(1. 5790)	(0. 0209)
fin	− 0. 0005 ***	− 0. 0000 **	− 0. 0005 ***	− 0. 0005 ***	− 0. 0198 *	− 0. 0005 ***
	(0. 0001)	(0. 0000)	(0. 0001)	(0. 0001)	(0. 0116)	(0. 0001)
_ cons	0. 5030 ***	− 0. 0185 **	0. 5050 ***	0. 5710 ***	27. 0800 ***	0. 5150 ***
	(0. 0384)	(0. 0084)	(0. 0384)	(0. 0503)	(6. 2070)	(0. 0482)
时间	Yes	Yes	Yes	Yes	Yes	Yes
地区	Yes	Yes	Yes	Yes	Yes	Yes
N	4202	4202	4202	4202	4202	4202
R^2	0. 794	0. 801	0. 794	0. 790	0. 588	0. 793

5.3.3　技术进步的贡献度分析

本章 5.3.2 在理论模型的基础上基于城市层面面板数据，从实证角度出发证实了技术进步效应在工业智能化对单要素碳排放绩效与全要素碳排放绩效中的传导作用。那么，在此基础上进一步识别不同碳排放绩效测算下技术进步效应的传导效应大小及其贡献度就显得尤为必要，一是可以精准识别工业智能化如何影响碳排放绩效，以及直接效应与间接效应的差异，为探究工业智能化的作用方式和评估作用效果提供数据支撑；二是在分析技术进步中介效应贡献度的基础上，横向比较不同传导路径的作用差异及重要程度，为更好地促进碳排放绩效提升提供理论依据。与前文研究一致，要想清楚估算技术进步效应在工业智能化对碳排放绩效影响中的作用，需要重点关注中介效应三步回归法，即模型（5.13）至模型（5.18）中的关键变量系数，主要包括模型（5.13）和模型（5.16）中工业智能化的系数 β_1，模型（5.14）和模型（5.17）中工业智能化系数 α_1，模型（5.15）和模型（5.18）中技术进步的系数 γ_2，三者分别代表工业智能化对碳排放绩效影响的总效应，工业智能化对中介变量技术进步的影响效应，中介变量对碳排放绩效的影响效应。因此，技术进步在工业智能化对碳排放绩效影响的传导效应大小为 α_1 与 γ_2 的乘积，技术进步中介效应的贡献度为间接效应大小与总效应的比值。

由此可知，要想评估技术进步中介效应的大小，需要先估算出相关系数的大小，为此本节基于实证回归结果表5-9和表5-10分别考察不同碳排放绩效下技术进步效应的作用差异，为评估整体传导效应打下基础。由表5-9模型1可知，中介效应第一步回归结果中工业智能化系数为0.0528，即 β_1 值为0.0528，表明工业智能化对单要素碳排放绩效影响的总效应为0.0528；由模型2可知，中介效应第二步回归结果中，工业智能化系数为0.0127，即 α_1 值为0.0127，表明工业智能化能够促进技术进步提升0.0127；由模型3可知，中介效应第三步回归结果中，技术进步系数 γ_2 为0.3330，意味着技术进步对单要素碳排放绩效的影响为0.3330。由上可知，技术进步在工业智能化对单要素碳排放绩效影响的传导效应大小为0.0042，技术进步中介效应的贡献度为8.0%。与此同时，本节继续根据表5-10识别技术进步在工业智能化对全要素碳排放绩效影响中的传导效应，由模型1、模型2与模型3可知，中介效应三步回归结果中 β_1、α_1 和 γ_2 分别为0.0504、0.0127 和0.0986，即工业智能化对全要素碳排放绩效的影响为0.0504，工业智能化对技术进步的影响为0.0127，技术进步对全要素碳排放绩效的影响为0.0986。经计算可得，技术进步在工业智能化对全要素碳排放绩效影响的传导效应大小为0.0013，技术进步中介效应的贡献度为 2.5%。综上可知，在工业智能化对碳排放绩效影响的过程中，技术进步的传导效应的均值为 0.0027，中介效应技术进步的平均贡献度为 5.25%。

5.4　本章小结

本章在理论模型推导的基础上，基于城市层面样本数据，借助三步骤中介效应模型从实证层面检验产业结构升级、要素优化配置及技术进步效应在工业智能化对碳排放绩效影响中的传导作用，并探寻传导路径的贡献度，研究结论如下。

第一，从产业结构升级角度来看，本章在传统的以产业结构高级化与产业结构合理化表征产业结构升级的基础上，借助熵权法将产业结构高级化与产业结构合理化合成产业结构升级指数，并选取产业结构合理化作为对照检验。中介效应结果显示，无论是对于单要素碳排放绩效还是全要素碳排放绩效来说，产业结构升级指数及产业结构合理化表征的产业结构升级都表现出明显的传导作用。然而，产业结构升级传导路径的贡献度分析在单要素碳排放绩效与全要素碳排放绩效中存在细微差异，在单要素视角下，产业结构升级的传导效应大小为 0.0027，贡献度为 5.17%；在全要素视角下，产业结构升级的传导效应大小为 0.0016，贡献度为 3.15%。综合来看，产业结构升级在工业智能化与碳排放绩效中传导效应的均值为 0.0023，产业结构升级传导路径的平均贡献度为 4.16%。

第二，从要素优化配置角度来看，本章选取要素扭曲反向表征要素优化配置，其中，要素扭曲的测度借鉴张杰等（2011）的思路。中介效应实证结果显示，在单要素碳排放绩效与全要素碳排放绩效下，要素优化配置的中介效应检验系数均显著，即均表现出明显的传导作用，在经过替换样本及数据缩尾等一系列稳健性检验后结论依然成立。在考察要素优化配置在工业智能化对碳排放绩效影响的贡献大小及贡献度时发现，在单要素碳排放绩效与全要素碳排放绩效测度标准下差异不大，即在单要素视角下，要素优化配置的传导效应大小为 0.0015，贡献度为 2.82%；在全要素视角下，要素优化配置的传导效应大小为 0.0013，贡献度为 2.50%。综合来看，要素优化配置在工业智能化与碳排放绩效中传导效应的均值为 0.0014，要素优化配置传导路径的平均贡献度为 2.66%。

第三，从技术进步效应角度来看，本章选取科学事业费支出占预算内支出的比重表征技术进步，同时选取人均发明专利进行对照检验。中介效应回归结果显示，在单要素碳排放绩效与全要素碳排放绩效双重视角下，工业智能化均能够通过技术进步效应发挥正向激励作用，即证实了技术进步效应中介效应的成立。进一步地，在定量分析技术进步效应传导路径的贡献大小与贡献度时发现，单要素碳排放绩效与全要素碳排放绩效差异较大。在单要素的视角下，技术进步效应的传导效应大小为 0.0042，贡献度为 8.0%；在全要素碳排放绩效视角下，技术进步效应的传导效应大小为 0.0013，贡献度为 2.5%。综合来看，技术进步效应在工业智能化与碳排放绩效中传导效应的均值为 0.0027，技术进步效应传导路径的平均贡献度为 5.25%。

第6章　外部环境的干预效应分析

前文从不同角度论证了工业智能化对碳排放绩效的激励作用，探讨了这一作用效果依赖的工业智能化差异和城市个体特征，分析了工业智能化影响碳排放绩效的传导路径。但是，通常来说，经济行为的产生受外在环境的影响，即工业智能化对碳排放绩效的影响可能在某些条件下发挥更大作用。为此，本书基于工业智能化发展的典型特征，从智能化革命依赖的人力、资本与环境3个维度出发，寻找影响工业智能化对碳排放绩效作用效果的外在条件。具体而言，本章试图探寻以下问题：一是何种因素可能成为影响工业智能化对碳排放绩效作用效果的关键变量，这些不同来源的外在条件会如何影响工业智能化与碳排放绩效的关系；二是包含人力资本水平、新型基础设施与市场化程度在内的外在条件是否表现出同等或同方向的作用，如果不是，它们影响差异的原因又是什么？针对上述两个问题，本章在前文样本的基础上引入人力资本水平、新型基础设施与市场化程度相关指标，采用交互项的调节效应模型，分别检验人力资本水平、新型基础设施与市场化程度在工业智能化对碳排放绩效影响中的作用，根据检验结果中的系数方向与显著性评估各要素的影响方向，并深究可能的作用差异原因。

6.1　人力资本水平的干预效应

随着人工智能技术的快速应用与普及，信息化、数字化、智能化和工业化不断融合与聚变，工业智能化已成为各国或各地区抢占技术高地的重

141

要方向。然而,与一般的技术进步或工业化相比,人工智能或工业智能化具有产品更新快、技术依赖程度高及要素需求大等典型特征(王学义、何泰屹,2021),更加依赖于特定的要素投入。而自"人力资本理论"出现以来,人力资本逐渐成为研究技术进步与生产率提升不可或缺的因素(Kato et al.,2014;Glaeser and Lu,2018;孙金山等,2021)。对于人力资本如何影响技术创新,现有文献主要从两个维度展开,首先,相较于低技能劳动力而言,人力资本的信息敏感性使其更易捕捉那些不易察觉的想法,基于自身经验使其明晰并进行实践,促使新思维与新产品的产生;其次,人力资本群体内部的信息传递与知识共享有助于牢固协同创新网络的形成,在信息碎片化与多样化的今天既实现了不同思维的碰撞又有助于合作研发关系的稳定(张萃、李亚倪,2021)。那么,是否意味着人力资本水平的高低也将影响人工智能或者工业智能化的经济社会效益呢?答案是显而易见的,一方面,人力资本能够通过促进智能设备改善与智能生产潜力提升作用于工业智能化(李健旋,2020);另一方面,人力资本与自动化技术的融合在促使常规任务行业向东部沿海地区转移的过程中提升其生产效率,实现智能化在常规任务中的应用,促进地区工业智能化水平的提高(孙早、侯玉琳,2021)。

6.1.1 模型构建与指标说明

由理论模型与文献梳理可知,人力资本成为影响工业智能化的重要因素。因此,为了从实证层面获得相应证据,即检验人力资本在工业智能化对碳排放绩效影响中的作用,本书借鉴王馨和王营(2021)的思路,采用交互项的方式考察人力资本作用下工业智能化对单要素碳排放绩效与全要素碳排放绩效的影响,构建计量模型如下:

$$ceps_{it} = \beta_0 + \beta_1\, ind_{it} + \beta_2\, hum_{it} \times ind_{it} + \beta_3\, hum_{it} + \beta_4\, X_{it} + \sigma_i + \tau_t + \varepsilon_{it}$$

(6.1)

$$cepa_{it} = \beta_0 + \beta_1\, ind_{it} + \beta_2\, hum_{it} \times ind_{it} + \beta_3\, hum_{it} + \beta_4\, X_{it} + \sigma_i + \tau_t + \varepsilon_{it}$$

(6.2)

其中,被解释变量 $ceps_{it}$ 为单要素碳排放绩效,$cepa_{it}$ 为全要素碳排放绩效;

解释变量 ind_{it} 为工业智能化程度，$hum_{it} \times ind_{it}$ 表示人力资本水平与工业智能化交互项，hum_{it} 表示人力资本水平；控制变量集 X_{it} 与模型（4.1）及模型（4.2）完全一致，σ_i 为城市固定效应，τ_t 为时间固定效应，ε_{it} 为随机干扰项。综观现有文献，对于如何衡量人力资本水平并未达成共识，分别基于本科以上学历人数占总就业人数比例（蔡庆丰等，2021）、劳动力平均受教育年限（高琳，2021；王林辉等，2022）度量。本书基于城市样本与数据可得性，借鉴林伯强和谭睿鹏（2019）、王崎等（2021）的思路选取高等学校在校生人数与劳动力的比值表征人力资本水平。

6.1.2　人力资本水平的干预效应分析

基于单要素碳排放绩效下人力资本水平对工业智能化干预作用的检验结果如表6-1所示。其中，模型1为对核心解释变量工业智能化、人力资本水平与工业智能化交互项、人力资本水平的回归结果，模型2至模型4为依次加入经济发展与交通设施、环境规制与外商投资、城镇化水平与金融发展等控制变量的回归结果。结果显示，无论加入控制变量与否，交互项系数 $hum_{it} \times ind_{it}$ 只存在大小差异，均在1%显著性水平上为正，这意味着人力资本水平提升有助于促进工业智能化对单要素碳排放绩效的激励作用。可能是因为作为技术密集型产业的代表，工业智能化的发展离不开创新要素的持续投入，人力资本水平的提升在促进智能设备快速使用与生产效率提升的同时，也不断促使新技术、新业态、新模式产生，以技术进步的形式反作用于工业智能化。各控制变量系数显著性与方向和基准回归结果基本相似。

表6-1　单要素碳排放绩效下人力资本水平干预效应检验

变量	模型1	模型2	模型3	模型4
ind	-0.0978 ***	-0.0860 ***	-0.0871 ***	-0.0770 **
	(0.0346)	(0.0318)	(0.0318)	(0.0304)
$hum \times ind$	6.7780 ***	7.1370 ***	7.1760 ***	6.7610 ***
	(1.2020)	(1.1920)	(1.1920)	(1.1500)

续表

变量	模型 1	模型 2	模型 3	模型 4
hum	- 1.3490 *	- 3.1320 ***	- 3.1250 ***	- 3.2210 ***
	(0.7690)	(1.0410)	(1.0400)	(0.9530)
gdp		0.1210 ***	0.1200 ***	0.1140 ***
		(0.0189)	(0.0189)	(0.0179)
trf		- 0.0083 **	- 0.0082 **	- 0.0072 **
		(0.0034)	(0.0034)	(0.0033)
enr			0.0379 **	0.0357 **
			(0.0165)	(0.0153)
fdi			- 0.0298	- 0.0408
			(0.0219)	(0.0266)
urb				- 0.2060 ***
				(0.0612)
fin				- 0.0028 **
				(0.0011)
_ cons	9.4520 ***	9.0080 ***	8.9870 ***	9.0790 ***
	(0.1270)	(0.1220)	(0.1230)	(0.1200)
时间	Yes	Yes	Yes	Yes
地区	Yes	Yes	Yes	Yes
N	4202	4202	4202	4202
R^2	0.916	0.921	0.921	0.926

人力资本作用下工业智能化对全要素碳排放绩效的影响检验如表 6 - 2 所示。其中，模型 1 为仅加入核心变量工业智能化、人力资本水平与工业智能化交互项、人力资本水平的实证检验；模型 2 至模型 4 与表 6 - 1 一样，为逐步增加控制变量后的实证结果。由表 6 - 2 可知，在逐步增加控制变量的过程中，人力资本水平与工业智能化交互项系数大小差别不大，均在 1% 显著性水平上为正，意味着人力资本水平的提升促进了工业智能化对全要素碳排放绩效的正向作用，与表 6 - 1 结论一致，表明无论是从经济后果角度的单要素碳排放绩效出发，还是从全过程角度的全要素碳排放绩效出发，人力资本与工业智能化的协同效应都能促进碳排放绩效的提升。

各控制变量系数和方向与前文基本一致。

表 6 - 2　全要素碳排放绩效下人力资本水平干预效应检验

变量	模型 1	模型 2	模型 3	模型 4
ind	- 0. 0092	- 0. 0028	- 0. 0033	- 0. 0012
	(0. 0141)	(0. 0142)	(0. 0142)	(0. 0143)
$hum \times ind$	2. 7060 ***	2. 8060 ***	2. 8230 ***	2. 7320 ***
	(0. 4310)	(0. 4380)	(0. 4380)	(0. 4370)
hum	- 0. 9440 ***	- 1. 4520 ***	- 1. 4490 ***	- 1. 4670 ***
	(0. 2730)	(0. 3690)	(0. 3680)	(0. 3530)
gdp		0. 0539 ***	0. 0536 ***	0. 0525 ***
		(0. 0074)	(0. 0073)	(0. 0073)
trf		- 0. 0061 ***	- 0. 0061 ***	- 0. 0059 ***
		(0. 0014)	(0. 0014)	(0. 0014)
enr			0. 0166 ***	0. 0162 ***
			(0. 0050)	(0. 0049)
fdi			- 0. 0139 *	- 0. 0160 *
			(0. 0083)	(0. 0094)
urb				- 0. 0442 **
				(0. 0211)
fin				- 0. 0005 ***
				(0. 0001)
$\_cons$	0. 7770 ***	0. 5850 ***	0. 5760 ***	0. 5950 ***
	(0. 0499)	(0. 0475)	(0. 0474)	(0. 0468)
时间	Yes	Yes	Yes	Yes
地区	Yes	Yes	Yes	Yes
N	4202	4202	4202	4202
R^2	0. 776	0. 791	0. 791	0. 794

6.1.3　人力资本水平干预效应的稳健性检验

表 6 - 1 基于模型（6.1）的实证检验结果证实了人力资本水平在工业智能化影响单要素碳排放绩效中的作用，但是这一结果同样可能受到样本

选择以及数据处理偏误的影响。为此，本书在前述基准回归的基础上，进一步通过样本筛选、数据缩尾、指标替换等方法进行检验，检验结果如表6-3所示。其中，模型1为样本筛选检验，即剔除全样本中的直辖市样本后重新进行实证分析，结果显示，在仅对一般地级市进行检验中，人力资本水平与工业智能化交互项系数在1%的显著性水平上为正，与表6-1系数显著性及方向完全一致，表明人力资本水平确实有助于促进工业智能化水平对单要素碳排放绩效的提升效应，与基准结论一致，证明了本书结论的可靠性；模型2为数据缩尾检验，对全样本指标均进行5%缩尾，即对可能存在的异常值进行替换，检验结果显示，在数据缩尾后，相较于基准结果，人力资本与工业智能化交互项系数有所下降，从6.7610降为5.7150，但显著性与方向均未发生变化，仍然在1%显著性水平上为正，证实了人力资本在工业智能化与单要素碳排放绩效中的作用，表明基本结论可信；模型3对样本数据进行10%缩尾后重新实证检验，结果显示，人力资本与工业智能化交互项系数从6.7610增加到8.6800，且在5%显著性水平上为正，与前述回归相比，尽管系数大小与显著性均发生变化，但是仍然显著为正，即人力资本水平对工业智能化与单要素碳排放绩效仍旧表现出正向激励作用，进一步证实了本书结论；模型4为替换变量检验，即以机器人渗透率替换基于熵权法合成的工业智能化指数，检验结果显示，人力资本与工业智能化交互项系数从6.7610降为2.8630，但依然在1%显著性水平上为正，与基准回归一致，证明人力资本作用的可靠性。

表6-3　单要素碳排放绩效下人力资本水平干预效应稳健性检验

变量	模型1	模型2	模型3	模型4
	剔除直辖市	数据缩尾5%	数据缩尾10%	替换变量
ind	-0.0899 ***	0.0809	0.1080 *	0.1030 **
	(0.0295)	(0.0495)	(0.0649)	(0.0442)
$hum \times ind$	6.1070 ***	5.7150 ***	8.6800 **	2.8630 ***
	(1.1010)	(2.0410)	(3.8450)	(0.7380)
hum	-2.7100 ***	-2.8010 ***	-3.6830 ***	-1.8190 ***
	(0.9360)	(0.9270)	(1.1490)	(0.5970)

续表

变量	模型 1	模型 2	模型 3	模型 4
	剔除直辖市	数据缩尾 5%	数据缩尾 10%	替换变量
gdp	0. 1030 ***	0. 1950 ***	0. 2290 ***	0. 1110 ***
	(0. 01720)	(0. 02170)	(0. 02270)	(0. 01630)
trf	− 0. 00597 *	− 0. 0177 ***	− 0. 0169 ***	− 0. 0082 ***
	(0. 0033)	(0. 0038)	(0. 0037)	(0. 0031)
enr	0. 0360 **	− 0. 0064	− 0. 0109	0. 0363 **
	(0. 0155)	(0. 0173)	(0. 0178)	(0. 0155)
fdi	− 0. 0400	− 0. 6480 ***	− 0. 5170 ***	− 0. 0658 ***
	(0. 0260)	(0. 1740)	(0. 1930)	(0. 0183)
urb	− 0. 1860 ***	− 0. 0138	− 0. 0032	− 0. 1720 ***
	(0. 0615)	(0. 0538)	(0. 0540)	(0. 0574)
fin	− 0. 0028 **	− 0. 0234 ***	− 0. 0261 ***	− 0. 0025 ***
	(0. 0011)	(0. 0047)	(0. 0065)	(0. 00097)
_ cons	7. 9380 ***	8. 2900 ***	8. 2520 ***	8. 7750 ***
	(0. 0454)	(0. 0939)	(0. 0779)	(0. 0819)
时间	Yes	Yes	Yes	Yes
地区	Yes	Yes	Yes	Yes
N	4142	4202	4202	4202
R^2	0. 927	0. 933	0. 924	0. 933

表 6 - 2 研究显示，人力资本水平有助于提升工业智能化对全要素碳排放绩效的正向影响。与单要素碳排放绩效一样，这一结论也可能存在一定的偏误，为此，本书通过样本筛选与指标替换两大类方法进行检验。其中，样本重新选择包含剔除低碳试点样本和剔除直辖市样本，检验结果如表 6 - 4 模型 1 与模型 2 所示。结果显示，在剔除低碳试点城市样本重新进行回归后，人力资本水平与工业智能化交互项系数为 2. 1820，且在 1% 显著性水平上为正，与基准结果（2. 7320）仅存在大小差异，方向与显著性完全一致，意味着人力资本水平确实提升了工业智能化对全要素碳排放绩效的激励作用，验证了前述结论的可靠性；在剔除直辖市样本并进行重新实证检验后发现，人力资本水平与工业智能化交互项系

数依然在 1% 显著性水平上为正，系数大小相较于基准回归有所降低
（2.4970 < 2.7320），但依然证实了前文结论的可靠性。指标替换检验包
含替换解释变量全要素碳排放绩效与替换工业智能化，检验结果如
表 6-4 模型 3 与模型 4 所示。其中，模型 3 为替换被解释变量，即采用
超效率 SBM 模型重新测算全要素碳排放绩效以替换本书选取的基于超效
率 EBM 模型测算的全要素碳排放绩效，检验结果显示，人力资本水平与工
业智能化交互项系数在 1% 显著性水平上为 2.8910，大于基准回归结果中
的系数，但方向与显著性仍然一致，表明人力资本将发挥正向作用，意味
着基准结论可信；模型 4 为以机器人渗透率表征工业智能化的实证检验结
果，由结果可知，人力资本水平与工业智能化交互项系数由 2.7320 降为
1.2430，但方向依然为正，且在 1% 显著性水平上，证实了基准结论的可
靠性。综上所述，人力资本水平在工业智能化对全要素碳排放绩效的作用
中发挥正向作用。

表 6-4　全要素碳排放绩效下人力资本水平干预效应稳健性检验

变量	模型 1 剔除低碳试点城市	模型 2 剔除直辖市	模型 3 替换被解释变量	模型 4 替换解释变量
ind	0.0263 (0.0215)	-0.0044 (0.0140)	0.0026 (0.0148)	-0.0063 (0.0145)
$hum \times ind$	2.1820*** (0.5050)	2.4970*** (0.4180)	2.8910*** (0.4510)	1.2430*** (0.2410)
hum	-1.7290*** (0.4220)	-1.2820*** (0.3490)	-1.6020*** (0.3800)	-0.7470*** (0.2470)
gdp	0.0773*** (0.0101)	0.0488*** (0.0072)	0.0592*** (0.0082)	0.0507*** (0.0072)
trf	-0.0017 (0.0019)	-0.0055*** (0.0015)	-0.0086*** (0.0017)	-0.0063*** (0.0014)
enr	0.0161 (0.0107)	0.0162*** (0.0049)	0.0166*** (0.0054)	0.0158*** (0.0049)
fdi	-0.0305*** (0.0116)	-0.0157* (0.0092)	-0.0154 (0.0108)	-0.0241*** (0.0066)

变量	模型 1	模型 2	模型 3	模型 4
	剔除低碳试点城市	剔除直辖市	替换被解释变量	替换解释变量
urb	− 0.0069	− 0.0373 *	− 0.0880 ***	− 0.0468 **
	(0.0251)	(0.0213)	(0.0201)	(0.0204)
fin	− 0.0005 ***	− 0.0005 ***	− 0.0004 ***	− 0.0005 ***
	(0.0001)	(0.0001)	(0.0001)	(0.0001)
_ *cons*	0.4510 ***	0.5830 ***	0.4750 ***	0.5350 ***
	(0.0576)	(0.0247)	(0.0644)	(0.0378)
时间	Yes	Yes	Yes	Yes
地区	Yes	Yes	Yes	Yes
N	3145	4142	4202	4202
R^2	0.763	0.793	0.804	0.797

6.2 新型基础设施的干预效应

工业智能化的核心在于智能化技术的发展与应用，即以大数据、信息化、区块链为代表的新兴技术与企业生产相融合，而这离不开新型基础设施的建设与普及。新型基础设施，是指以信息基础设施为载体，将包含5G、工业互联网、物联网在内的新兴技术融入传统产业与科学研发，以同时实现数字技术更新、产业数字化融合与创新平台重构（布和础鲁、陈玲，2021）。而自 2018 年中央提出要加强新型基础设施建设以来，新型基础设施便被视为实现技术赶超与跨越的国家战略资源。横向对比来看，我国的宽带网络用户数居世界首位，5G 网络等呈现快速推进态势，目前新型基础设施建设已居全球前列（左鹏飞等，2021）。对于新型基础设施，前沿文献分别从经济增长（赵培阳、鲁志国，2021）、产业转型（沈坤荣、史梦昱，2021）、对外贸易（钞小静等，2020）等角度考察其经济后果。那么，作为工业智能化发展的前置条件，内生于企业生产全产业链条中的新型基础设施是否也会影响工业智能化的作用效果呢？答案是肯定的，一方面，新型基础设施体系的构建有助于实现个体或企业数据感知、挖掘、整理、分析能力的提升（Armstrong，2014），并通过信息传感设备实现信息即时交换，为前沿集群技术的攻克与智能化应用提供了协作支撑平台；另一方面，企业内部资源整合与产业链上下游协同是企业生产的必备条件，信息化与智能化的引入能够摆脱传统人为操作的物理约束，远程操纵全流程管理的同时实现生产任务的灵活配置，促进生产效率提升（胡祥培等，2020；钞小静等，2021）。因此，新型基础设施可能成为影响工业智能化与碳排放绩效的关键因素。

6.2.1 模型构建与指标说明

理论分析显示，新型基础设施在工业智能化影响碳排放绩效中发挥正向作用，那么这一结论能否获得经验证据的支持呢？本书基于城市层面样本数据，从实证角度出发检验新型基础设施在工业智能化对碳排放绩效影响中的作用。与前文一样，本节采用交互项的方式考察新型基础设施作用下工业智能化对单要素碳排放绩效与全要素碳排放绩效的影响，构建计量模型如下：

$$ceps_{it} = \beta_0 + \beta_1\, ind_{it} + \beta_2\, inf_{it} \times ind_{it} + \beta_3\, inf_{it} + \beta_4\, X_{it} + \sigma_i + \tau_t + \varepsilon_{it}$$

$$(6.3)$$

$$cepa_{it} = \beta_0 + \beta_1\, ind_{it} + \beta_2\, inf_{it} \times ind_{it} + \beta_3\, inf_{it} + \beta_4\, X_{it} + \sigma_i + \tau_t + \varepsilon_{it}$$

$$(6.4)$$

其中，被解释变量 $ceps_{it}$ 为单要素碳排放绩效，$cepa_{it}$ 为全要素碳排放绩效；解释变量 ind_{it} 为工业智能化，$inf_{it} \times ind_{it}$ 表示新型基础设施与工业智能化交互项，inf_{it} 表示新型基础设施水平；控制变量集 X_{it} 与模型（4.1）及模型（4.2）完全一致，σ_i 为城市固定效应，τ_t 为时间固定效应，ε_{it} 为随机干扰项。前沿文献对于如何衡量新型基础设施仍未达成共识，不同文献从数字基础设施产值（钞小静等，2021）、互联网宽带接入数（张青、茹少峰，2021）、移动电话交换机容量和人口总量比值（左鹏飞等，2021）等维度分别表征新型数字基础设施与信息基础设施。本书在现有指标的基础上借鉴赵培阳和鲁志国（2021）的思路选取互联网用户数与总人口的比值表征新型基础设施。

6.2.2 新型基础设施的干预效应分析

作为智能化发展赖以依存的先决条件，新型基础设施制约着工业智能化对碳排放绩效的作用。新型基础设施作用下工业智能化对单要素碳排放绩效的影响如表6-5所示。其中，模型1至模型4分别为逐步增加控制变量的回归结果。模型1结果显示，在仅对工业智能化、新型基础设施与工业智能化交互项、新型基础设施的回归中，新型基础设施与工业智能化交互项系数为正。模型2和模型3逐步增加控制变量经济发展与交通设施、环境规制与外商投资后，新型基础设施与工业智能化交互项系数尽管不显著，但依然为正，表明新型基础设施可能发挥着正向干预效应。模型4为加入全部控制变量后的回归结果，新型基础设施与工业智能化交互项系数在5%显著性水平上为正，表明新型基础设施有助于促进工业智能化对单要素碳排放绩效的正向激励作用，与前述理论分析结果一致，可能是因为，一方面，新型基础设施的建立能够促进信息的高效流通，为智能化设备的应用提供技术支撑；另一方面，信息化与物联网等的构建进一步优化生产流程，实现产业链的互联互通以及对生产过程的全流程控制。从控制变量角度来看，经济发展与环境规制分别在1%、5%的显著性水平上为正，交通设施、城镇化水平与金融发展分别在1%、1%和5%的显著性水平上为负，外商投资系数为负。总体来看，各控制变量结果基本符合预期。

表6-5　单要素碳排放绩效下新型基础设施干预效应检验

变量	模型1	模型2	模型3	模型4
ind	-0.0199	-0.0798	-0.0787	-0.1110
	(0.0814)	(0.0784)	(0.0785)	(0.0682)
inf × ind	0.3180	0.6740	0.6670	0.8310**
	(0.4990)	(0.4790)	(0.4800)	(0.4170)
inf	0.0713	-0.0618	-0.0591	-0.1070
	(0.1040)	(0.0975)	(0.0978)	(0.0871)

变量	模型 1	模型 2	模型 3	模型 4
gdp		0.1290 ***	0.1290 ***	0.1240 ***
		(0.0190)	(0.0190)	(0.0180)
trf		− 0.0111 ***	− 0.0110 ***	− 0.0104 ***
		(0.0033)	(0.0033)	(0.0032)
enr			0.0359 **	0.0334 **
			(0.0163)	(0.0151)
fdi			− 0.0225	− 0.0333
			(0.0192)	(0.0233)
urb				− 0.2130 ***
				(0.0623)
fin				− 0.0030 **
				(0.0013)
_ cons	9.4000 ***	8.8970 ***	8.8770 ***	8.9680 ***
	(0.1310)	(0.1240)	(0.1240)	(0.1200)
时间	Yes	Yes	Yes	Yes
地区	Yes	Yes	Yes	Yes
N	4202	4202	4202	4202
R^2	0.915	0.920	0.920	0.926

表 6 - 5 证实了新型基础设施在工业智能化与单要素碳排放绩效中的作用，那么是否意味着在全要素碳排放绩效中新型基础设施依然保持着正向影响呢？为此本书基于模型（6.4）从实证角度进一步检验新型基础设施在工业智能化与全要素碳排放绩效中的干预效用，检验结果如表 6 - 6 所示。其中，模型 1 为对核心变量工业智能化、新型基础设施与工业智能化交互项、新型基础设施的回归结果，结果显示，新型基础设施与工业智能化交互项尽管不显著但方向为正，表明新型基础设施可能发挥着正向干预效用；模型 2 和模型 3 为在模型 1 基础上逐步加入经济发展与交通设施、环境规制与外商投资等控制变量后的回归结果，结果显示，新型基础设施与工业智能化交互项系数分别为 0.3450 和 0.3420，且均在 1% 显著性水平上为正，表明新型基础设施发挥着正向干预效用；

模型 4 为加入全部控制变量后的实证检验结果，可知新型基础设施与工业智能化交互项系数依然在 1% 显著性水平上为正，意味着新型基础设施有助于提升工业智能化对全要素碳排放绩效的正向影响。各控制变量结果与前文基本一致。

表 6 - 6　全要素碳排放绩效下新型基础设施干预效应检验

变量	模型 1	模型 2	模型 3	模型 4
ind	0.0087	− 0.0180	− 0.0175	− 0.0240
	(0.0249)	(0.0232)	(0.0233)	(0.0211)
$inf \times ind$	0.1800	0.3450 ***	0.3420 ***	0.3760 ***
	(0.1380)	(0.1280)	(0.1280)	(0.1140)
inf	− 0.0465 *	− 0.0950 ***	− 0.0938 ***	− 0.1040 ***
	(0.0271)	(0.0261)	(0.0261)	(0.0244)
gdp		0.0589 ***	0.0586 ***	0.0578 ***
		(0.0073)	(0.0072)	(0.0071)
trf		− 0.0070 ***	− 0.0070 ***	− 0.0068 ***
		(0.0014)	(0.0014)	(0.0013)
enr			0.0154 ***	0.0148 ***
			(0.0049)	(0.0048)
fdi			− 0.0107	− 0.0130
			(0.0069)	(0.0081)
urb				− 0.0502 **
				(0.0213)
fin				− 0.0006 ***
				(0.0001)
$\_cons$	0.7610 ***	0.5410 ***	0.5320 ***	0.5530 ***
	(0.0508)	(0.0473)	(0.0472)	(0.0464)
时间	Yes	Yes	Yes	Yes
地区	Yes	Yes	Yes	Yes
N	4202	4202	4202	4202
R^2	0.773	0.790	0.791	0.795

6.2.3 新型基础设施干预效应的稳健性检验

前述实证结果（见表6-5）证实了新型基础设施在工业智能化与单要素碳排放绩效中发挥正向激励作用，然而样本选取与异常值的存在可能使结果缺乏可信性，为此本书通过实证检验结论是否可靠，检验结果如表6-7模型1至模型4所示。其中，模型1为仅固定地区效应检验，检验结果显示，新型基础设施与工业智能化交互项系数为1.6830，且在1%显著性水平上为正，与基准回归显著性完全一致，仅存在系数大小的差别，表明新型基础设施确实在工业智能化对单要素碳排放绩效影响中发挥正向干预效用；模型2为数据缩尾检验，即对所有指标进行5%缩尾处理，实证结果显示，新型基础设施与工业智能化交互项系数在1%显著性水平上为正，与基准结果相比，系数大小与显著性均有增加，表明在进行数据缩尾后，新型基础设施的正向干预效用更明显，证实了基准结论的可靠性；模型3为采用纵横向拉开档次法重新合成工业智能化指数，并替换基于熵权法合成的指数进行重新检验，由检验结果可知，新型基础设施与工业智能化交互项系数依然在5%显著性水平上为正，与基准结果显著性及方向一致，表明新型基础设施确实发挥正向激励效用；模型4为采用机器人渗透率替换合成的工业智能化指数，检验结果显示，新型基础设施与工业智能化交互项系数在1%显著性水平上为正，表明在工业智能化对单要素碳排放绩效的作用过程中，新型基础设施表现出显著的正向激励作用，与基准回归结论一致。综上所述，新型基础设施表现出正向干预作用。

表6-7 单要素碳排放绩效下新型基础设施干预效应稳健性检验

变量	模型1	模型2	模型3	模型4
	固定地区	数据缩尾5%	纵横向拉开档次	机器人渗透率
ind	-0.4820 ***	-0.0145	2.3230 ***	0.0449
	(0.0507)	(0.0559)	(0.3170)	(0.0519)
$inf \times ind$	1.6830 ***	1.1800 ***	1.3750 **	0.4450 ***
	(0.2390)	(0.3030)	(0.6970)	(0.1180)

续表

变量	模型 1	模型 2	模型 3	模型 4
	固定地区	数据缩尾 5%	纵横向拉开档次	机器人渗透率
inf	− 0.9900 ***	− 0.1970 **	− 0.0847	− 0.0818
	(0.1710)	(0.0882)	(0.0883)	(0.0531)
gdp	0.3120 ***	0.1890 ***	0.1130 ***	0.1230 ***
	(0.0258)	(0.0218)	(0.0176)	(0.0177)
trf	− 0.0359 ***	− 0.0183 ***	− 0.0101 ***	− 0.0090 ***
	(0.0058)	(0.0037)	(0.0030)	(0.0030)
enr	0.0127	− 0.00482	0.0431 ***	0.0392 **
	(0.0192)	(0.0172)	(0.0161)	(0.0169)
fdi	− 0.0642	− 0.6020 ***	− 0.0353	− 0.0511 ***
	(0.0526)	(0.1720)	(0.0231)	(0.0195)
urb	− 0.5540 ***	− 0.0127	− 0.1500 ***	− 0.1570 ***
	(0.0426)	(0.0530)	(0.0574)	(0.0569)
fin	− 0.0050 **	− 0.0233 ***	− 0.0025 **	− 0.0025 ***
	(0.0020)	(0.0047)	(0.0011)	(0.0009)
_cons	8.4320 ***	8.2530 ***	8.3390 ***	8.6940 ***
	(0.1190)	(0.0941)	(0.1230)	(0.0907)
时间	No	Yes	Yes	Yes
地区	Yes	Yes	Yes	Yes
N	4202	4202	4202	4202
R^2	0.830	0.933	0.929	0.933

与单要素碳排放绩效一样，新型基础设施在工业智能化对全要素碳排放绩效中的作用也可能存在偏误，为此，与表6-7一样，本书也采用不同方法验证了新型基础设施的干预效应是否稳健，检验结果如表6-8所示。其中，模型1为在全样本中剔除直辖市样本数据并进行重新检验，检验结果显示，新型基础设施与工业智能化交互项系数在1%显著性水平上为正，与基准回归结果一致，表明新型基础设施在工业智能化与全要素碳排放绩效中确实发挥正向作用；模型2为采用纵横向拉开档次法重新测算工业智能化，结果显示，新型基础设施与工业智能化交互项系数在10%显著性水

平上为正，尽管小于基准回归的1%显著性水平，但系数方向依然证实了基准结论的可靠性，即新型基础设施水平越高，越有助于提升工业智能化对全要素碳排放绩效的作用；模型3是以机器人渗透率为解释变量的回归结果，结果显示，新型基础设施与工业智能化交互项系数和基准回归一样，均在1%显著性水平上为正，表明基准回归结论是可靠的；模型4为采用超效率SBM模型测算的全要素碳排放绩效作为被解释变量重新回归的实证结果，结果显示，新型基础设施与工业智能化交互项系数为0.4000，且在1%显著性水平上为正，与基准结论仅存在系数大小差异，方向和显著性完全一致，表明在工业智能化对全要素碳排放绩效的作用过程中，新型基础设施表现出明显的正向干预效用。综合来看，在经过不同方法进行稳健性检验后，本书结论依然可信。

表6-8 全要素碳排放绩效下新型基础设施干预效应稳健性检验

变量	模型1	模型2	模型3	模型4
	剔除直辖市	纵横向拉开档次	机器人渗透率	超效率SBM模型
ind	-0.0244	0.6970 ***	0.0074	-0.0225
	(0.0200)	(0.1330)	(0.0148)	(0.0211)
$inf \times ind$	0.3490 ***	0.4660 *	0.1060 ***	0.4000 ***
	(0.1090)	(0.2560)	(0.0315)	(0.1120)
inf	-0.1120 ***	-0.0767 **	-0.0606 ***	-0.1210 ***
	(0.0294)	(0.0309)	(0.0181)	(0.0259)
gdp	0.0548 ***	0.0519 ***	0.0540 ***	0.0649 ***
	(0.0071)	(0.0071)	(0.0077)	(0.0080)
trf	-0.0063 ***	-0.0064 ***	-0.00604 ***	-0.0096 ***
	(0.00137)	(0.0014)	(0.0014)	(0.0016)
enr	0.0149 ***	0.0181 ***	0.0166 ***	0.0152 ***
	(0.0048)	(0.0050)	(0.0051)	(0.0052)
fdi	-0.0130	-0.0145 *	-0.0181 **	-0.0123
	(0.0082)	(0.0084)	(0.0078)	(0.0094)
urb	-0.0473 **	-0.0378 *	-0.0475 **	-0.0950 ***
	(0.0212)	(0.0203)	(0.0206)	(0.0203)

续表

变量	模型 1	模型 2	模型 3	模型 4
	剔除直辖市	纵横向拉开档次	机器人渗透率	超效率 SBM 模型
fin	− 0. 0006 ***	− 0. 0004 ***	− 0. 0005 ***	− 0. 0005 ***
	(0. 0001)	(0. 0001)	(0. 0001)	(0. 0001)
_ $cons$	0. 5590 ***	0. 3740 ***	0. 5090 ***	0. 4320 ***
	(0. 0241)	(0. 0526)	(0. 0397)	(0. 0634)
时间	Yes	Yes	Yes	Yes
地区	Yes	Yes	Yes	Yes
N	4142	4202	4202	4202
R^2	0. 793	0. 795	0. 795	0. 805

6.3　市场化程度的干预效应

正如前文所述,智能化设备的生产和应用受制于人力资本与新型基础设施的显著影响,那么一个显而易见的问题是,如果有充足的人力资本与新型基础设施,工业智能化是否就能更好地发展呢? 答案显然是否定的。众所周知,经济行为的产生与变迁也受制于政治环境、金融环境、法律环境等外在因素制约。市场化作为我国经济领域最重要的制度体系,显然已经成为经济活动无法忽视的关键因素。前沿研究更多地关注市场化改革能否激励经济增长(Hou and Wang, 2013;吕朝凤、朱丹丹, 2016)与技术进步(Benfratello et al. , 2008;戴魁早、刘友金, 2020),普遍认为市场化改革诱发的要素市场培育、公平竞争的市场环境与支持产权保护制度能够降低经营成本,提升企业创新能力(张峰等, 2021)。当然,并非所有研究均显示市场化程度发挥正向激励作用,叶祥松和刘敬(2020)的研究显示,市场化反而对高端制造业技术攀升表现出明显的抑制作用。这意味着相较于工业智能化,市场化程度也可能表现出正、反两个方面的影响。一方面,不断推进的市场化改革在降低政府行政干预,缓解企业融资约束的同时,有助于实现创新要素向智能化创新与智能化设备生产集聚,提升工业智能化对碳排放绩效的作用效果；另一方面，智能制造是高投入、高风险的项目，在激烈的市场竞争环境下，市场主体的短期偏好更倾向于规避智能化发展过程中巨大的不确定性，从而弱化工业智能化对碳排放绩效的影响。总体来看，市场化程度在工业智能化对碳排放绩效影响中发挥何种作用存在较大的不确定性。

6.3.1　模型构建与指标说明

前文从理论层面探究了市场化程度在工业智能化对碳排放绩效影响中的作用，表明市场化程度可能发挥着负向影响。那么，这一作用方向是否得到了定量研究的支持呢？本书通过构建城市层面市场化程度指数，基于样本数据采用交互项的方式考察市场化程度作用下工业智能化对单要素碳排放绩效与全要素碳排放绩效的影响，构建计量模型如下：

$$ceps_{it} = \beta_0 + \beta_1 \, ind_{it} + \beta_2 \, mar_{it} \times ind_{it} + \beta_3 \, mar_{it} + \beta_4 \, X_{it} + \sigma_i + \tau_t + \varepsilon_{it}$$

$$(6.5)$$

$$cepa_{it} = \beta_0 + \beta_1 \, ind_{it} + \beta_2 \, mar_{it} \times ind_{it} + \beta_3 \, mar_{it} + \beta_4 \, X_{it} + \sigma_i + \tau_t + \varepsilon_{it}$$

$$(6.6)$$

其中，被解释变量 $ceps_{it}$ 与 $cepa_{it}$ 分别为单要素碳排放绩效和全要素碳排放绩效；解释变量 ind_{it} 为工业智能化，$mar_{it} \times ind_{it}$ 表示市场化程度与工业智能化交互项，mar_{it} 表示市场化程度；控制变量集 X_{it} 与模型（4.1）及模型（4.2）完全一致，σ_i 表示城市固定效应，τ_t 表示时间固定效应，ε_{it} 表示随机干扰项。综观现有文献，在省级层面，普遍采用王小鲁等（2018）构建的市场化指数表征市场化程度；而在城市层面，由于数据缺失，文献普遍选用 GDP 与财政预算内支出之比（张文武、余泳泽，2021）、私营部门就业人数与总就业人数之比（纪祥裕、顾乃华，2021）等单一指标衡量，仅有少量文献基于综合指标表征，其中，最具代表性的是纪玉俊和廉雨晴（2021）从对外贸易、政府干预、经济自由、要素市场、产品市场 5 个维度构建城市层面市场化指数，张治栋和廖常文（2020）从政府与市场关系、产品市场、要素市场、非国有经济、市场服务等维度构建城市层面市场化指数。本书在前述文献的基础上，选取非国有经济、行政干预、产品市场成熟度、要素市场完善度4个维度基于熵权法合成市场化程度，其中，非国有经济采用私营与个体从业人员和单位从业人员的比值表征，行政干预采用预算内支出与GDP的比值表征，产品市场成熟度选取批发零售贸易额与批发零售从业人员的比值表征，要素市场完善度选取城镇失业人数与单位从业人员的比值表征。

6.3.2 市场化程度的干预效应分析

单要素碳排放绩效下市场化程度干预效应检验的实证结果如表6-9所示。其中，模型1为对核心变量工业智能化、市场化程度与工业智能化交互项、市场化程度的回归结果，模型2至模型4为逐步增加控制变量经济发展与交通设施、环境规制与外商投资、城镇化水平与金融发展的回归结果。具体而言，由模型1可知，在仅对核心变量回归的情形下，市场化程度与工业智能化交互项系数在5%显著性水平上为负，表明市场化程度可能发挥着负向作用；模型2与模型3中，市场化程度与工业智能化交互项系数依然在5%显著性水平上为负，意味着市场化程度不利于工业智能化对单要素碳排放绩效的促进作用；模型4为加入全部控制变量的回归结果，市场化程度与工业智能化交互项系数仍保持在1%显著性水平上为负，表明在单要素碳排放绩效下市场化程度确实表现出负向干预效应。可能是因为，一方面，市场化程度使得中国制造业在国际产业分工中更易陷入"被俘获"的境地，即在通过组装获得的收益大于研发时，更倾向于缩减研发经费，不利于中国自主智能制造产业的提升；另一方面，智能化革命发展初期，在仅依靠市场机制而缺乏政府支持与政策保护的条件下，制造业企业和研发机构缺乏足够的资金与动力进行智能化创新。从控制变量角度来看，经济发展系数显著为正，交通设施系数显著为负，环境规制系数显著为正，外商投资系数为负，城镇化水平系数显著为负，金融发展系数显著为负，各控制变量结果符合预期。

表 6 – 9　单要素碳排放绩效下市场化程度干预效应检验

变量	模型 1	模型 2	模型 3	模型 4
ind	0.1520 **	0.1750 **	0.1730 **	0.1960 ***
	(0.0768)	(0.0694)	(0.0692)	(0.0613)
$mar \times ind$	− 0.4860 **	− 0.5230 **	− 0.5170 **	− 0.5830 ***
	(0.2180)	(0.2080)	(0.2070)	(0.1780)
mar	− 0.6190 ***	− 0.6290 ***	− 0.6290 ***	− 0.5460 ***
	(0.0623)	(0.0620)	(0.0620)	(0.0602)
gdp		0.1250 ***	0.1250 ***	0.1200 ***
		(0.0179)	(0.0178)	(0.0172)
trf		− 0.0124 ***	− 0.0124 ***	− 0.0117 ***
		(0.0031)	(0.0031)	(0.0031)
enr			0.0366 ***	0.0350 ***
			(0.0122)	(0.0118)
fdi			− 0.0145	− 0.0236
			(0.0142)	(0.0169)
urb				− 0.1910 ***
				(0.0535)
fin				− 0.0018 **
				(0.0008)
$\_cons$	9.4790 ***	8.9790 ***	8.9580 ***	9.0270 ***
	(0.1240)	(0.1230)	(0.1230)	(0.1210)
时间	Yes	Yes	Yes	Yes
地区	Yes	Yes	Yes	Yes
N	4202	4202	4202	4202
R^2	0.927	0.932	0.933	0.935

　　表 6 – 9 证实了市场化程度在工业智能化对单要素碳排放绩效的影响中发挥负向干预效应，那么这一效应是否依赖于碳排放绩效的测度方法，即市场化程度在全要素碳排放绩效背景下是否也表现出负向干预效用呢？为此，本书基于超效率 EBM 模型测算的全要素碳排放绩效实证检验市场化程度的干预效用，实证结果如表 6 – 10 所示。其中，模型 1 为对工业智能化、市场化程度与工业智能化交互项、市场化程度的回归结果，由此可知，市

场化程度与工业智能化交互项系数在 5% 显著性水平上为负；模型 2 至模型 4 为逐步增加控制变量的回归结果，结果表明，无论加入何种控制变量，市场化程度与工业智能化交互项系数总是在 5% 水平上显著为负，表明市场化程度在工业智能化对全要素碳排放绩效影响中发挥负向干预效用，表明想要提升工业智能化对碳排放绩效的促进效用不能只依赖于市场的自发行为，还需要政府外部干预。各控制变量方向和显著性与前文基本一致。

表 6 – 10　全要素碳排放绩效下市场化程度干预效应检验

变量	模型 1	模型 2	模型 3	模型 4
ind	0.0863 ***	0.0993 ***	0.0984 ***	0.0992 ***
	(0.0285)	(0.0294)	(0.0294)	(0.0302)
$mar \times ind$	− 0.1850 **	− 0.2070 **	− 0.2050 **	− 0.2080 **
	(0.0854)	(0.0894)	(0.0899)	(0.0928)
mar	− 0.2340 ***	− 0.2420 ***	− 0.2420 ***	− 0.2360 ***
	(0.0267)	(0.0264)	(0.0268)	(0.0272)
gdp		0.0547 ***	0.0545 ***	0.0544 ***
		(0.0071)	(0.0070)	(0.0070)
trf		− 0.0079 ***	− 0.0079 ***	− 0.0079 ***
		(0.0014)	(0.0014)	(0.0014)
enr			0.0161 ***	0.0160 ***
			(0.0050)	(0.0050)
fdi			− 0.0081	− 0.0089
			(0.0051)	(0.0054)
urb				− 0.0361 *
				(0.0195)
fin				− 0.0001
				(0.0001)
$\_cons$	0.7720 ***	0.5710 ***	0.5610 ***	0.5720 ***
	(0.0507)	(0.0493)	(0.0491)	(0.0489)
时间	Yes	Yes	Yes	Yes
地区	Yes	Yes	Yes	Yes
N	4202	4202	4202	4202
R^2	0.799	0.816	0.816	0.816

6.3.3　市场化程度干预效应的稳健性检验

市场化程度影响工业智能化对单要素碳排放绩效的作用效果得到了实证层面的证据支撑，但是仅通过单一变量或单一样本的检验缺乏足够的可信度。为此，本书进一步通过数据缩尾、剔除直辖市样本、聚类分析等方式重新检验市场化程度在工业智能化与单要素碳排放绩效间的干预效应。具体的检验方法与检验方式如下。①数据缩尾检验。在将原始样本数据进行 5% 缩尾后重新进行实证检验，结果如表 6–11 模型 1 所示，市场化程度与工业智能化交互项系数在 5% 显著性水平上为负，与基准结论方向完全一致，证实了结果的可靠性。②剔除直辖市样本。在原始样本基础上剔除北京、上海、天津、重庆等直辖市数据重新检验，结果如表 6–11 模型 2 所示，市场化程度与工业智能化交互项系数显著为负，与基准结论仅存在系数大小差异，证明基准回归结果是可信的。③基准回归中同时进行城市与时间双固定，本次稳健性检验不再考虑可能的时间固定而仅固定城市效应进行检验，结果如表 6–11 模型 3 所示，市场化程度与工业智能化交互项系数在 10% 显著性水平上为负，与基准回归相比，尽管显著性大小存在差异，但方向仍然一致，表明基准结论的稳健性。④聚类分析。将原始回归中稳健标准误改成聚类标准误，同时在省份与时间层面进行聚类重新进行检验，检验结果如表 6–11 模型 4 所示，市场化程度与工业智能化交互项系数在 1% 显著性水平上为负，与基准结果显著性和方向均一致，意味着基准结论是稳健的。

表 6–11　单要素碳排放绩效下市场化程度干预效应稳健性检验

变量	模型 1	模型 2	模型 3	模型 4
	数据缩尾 5%	剔除直辖市	仅固定城市效应	城市时间聚类
ind	0.4420 ***	0.1610 ***	− 0.0046	0.1960 ***
	(0.1230)	(0.0589)	(0.0854)	(0.0703)
mar × ind	− 1.0850 **	− 0.5470 ***	− 0.5040 *	− 0.5830 ***
	(0.4660)	(0.1750)	(0.2900)	(0.2120)

续表

变量	模型 1	模型 2	模型 3	模型 4
	数据缩尾 5%	剔除直辖市	仅固定城市效应	城市时间聚类
mar	0.0471	− 0.5420 ***	− 1.2430 ***	− 0.5460 ***
	(0.0628)	(0.0598)	(0.0949)	(0.0908)
gdp	0.1870 ***	0.1090 ***	0.2420 ***	0.1200 ***
	(0.0217)	(0.0165)	(0.0213)	(0.0239)
trf	− 0.0186 ***	− 0.0101 ***	− 0.0383 ***	− 0.0117 ***
	(0.0038)	(0.0030)	(0.0039)	(0.0028)
enr	− 0.0054	0.0353 ***	0.0207	0.0350 ***
	(0.0171)	(0.0120)	(0.0162)	(0.0126)
fdi	− 0.6250 ***	− 0.0228	− 0.0235	− 0.0236
	(0.1750)	(0.0167)	(0.0256)	(0.0176)
urb	− 0.0331	− 0.1660 ***	− 0.5060 ***	− 0.1910 ***
	(0.0521)	(0.0536)	(0.0321)	(0.0718)
fin	− 0.0230 ***	− 0.0018 **	− 0.0020 **	− 0.0018 **
	(0.0046)	(0.0008)	(0.0010)	(0.0008)
_ *cons*	8.2330 ***	7.8850 ***	8.6660 ***	9.0270 ***
	(0.0962)	(0.0428)	(0.1080)	(0.1480)
时间	Yes	Yes	No	Yes
地区	Yes	Yes	Yes	Yes
N	4202	4142	4202	4202
R^2	0.933	0.936	0.874	0.935

在工业智能化对全要素碳排放绩效的作用过程中，市场化程度表现出负向影响，那么这一结论是否具有随机性，是否依赖于特定样本数据的选取呢？为了验证市场化程度的干预效应，本书分别从剔除直辖市样本、数据缩尾、替换解释变量与替换被解释变量 4 个方面进行检验，实证结果如表 6 - 12 所示，具体如下。①剔除直辖市样本，结果如模型 1 所示。由此可知，市场化程度与工业智能化交互项系数在 5% 显著性水平上为负，与表 6 - 10 结果显著性与方向完全一致，证实了市场化程度的负向干预效用，表明了结论的可靠性。②数据缩尾，即对可能存在的异常值进行替换，检

验结果如模型 2 所示。结果显示，市场化程度与工业智能化交互项系数在
1% 显著性水平上为负，与基准回归相比，显著性与作用大小均有提升，
表明市场化程度不利于工业智能化对全要素碳排放绩效的正向作用，前述
结论可信。③替换解释变量，即以机器人渗透率替换工业智能化指数重新
进行检验，检验结果如模型 3 所示。市场化程度与工业智能化交互项系数
在 1% 显著性水平上为负，表明市场化程度确实表现出负向干预效用，与
基准结论一致。④替换被解释变量，即采用 SBM 模型测算的全要素碳排放
绩效作为被解释变量，检验结果如模型 4 所示。市场化程度与工业智能化
交互项系数和基准结论一样，均在 5% 显著性水平上为负，证实了市场化
程度的作用方向，表明前述结论具有稳健性。

表 6 - 12　全要素碳排放绩效下市场化程度干预效应稳健性检验

变量	模型 1 剔除直辖市样本	模型 2 数据缩尾 5%	模型 3 机器人渗透率	模型 4 SBM 模型
ind	0.0876 *** (0.0298)	0.1430 *** (0.0344)	0.0891 *** (0.0136)	0.1080 *** (0.0313)
mar × ind	− 0.1930 ** (0.0917)	− 0.3830 *** (0.1320)	− 0.1630 *** (0.0473)	− 0.2010 ** (0.0894)
mar	− 0.2370 *** (0.0273)	− 0.2870 *** (0.0212)	− 0.2350 *** (0.0296)	− 0.1550 *** (0.0247)
gdp	0.0510 *** (0.0069)	0.0853 *** (0.0083)	0.0525 *** (0.0069)	0.0598 *** (0.0079)
trf	− 0.0074 *** (0.0015)	− 0.0088 *** (0.0014)	− 0.0077 *** (0.0014)	− 0.0103 *** (0.0017)
enr	0.0161 *** (0.0050)	0.0123 * (0.0070)	0.0169 *** (0.0051)	0.0162 *** (0.0052)
fdi	− 0.0086 (0.0053)	0.0034 (0.0602)	− 0.0126 *** (0.0048)	− 0.0103 (0.0077)
urb	− 0.0267 (0.0196)	0.0171 (0.0162)	− 0.0254 (0.0192)	− 0.0882 *** (0.0195)
fin	− 0.0001 (0.0001)	− 0.0035 *** (0.0011)	− 0.0001 (0.0001)	− 0.0001 (0.0002)

变量	模型 1	模型 2	模型 3	模型 4
	剔除直辖市样本	数据缩尾 5%	机器人渗透率	SBM 模型
_cons	0.5580 ***	0.4050 ***	0.5130 ***	0.4490 ***
	(0.0227)	(0.0392)	(0.0393)	(0.0675)
时间	Yes	Yes	Yes	Yes
地区	Yes	Yes	Yes	Yes
N	4142	4202	4202	4202
R^2	0.816	0.821	0.819	0.812

6.4　本章小结

无论是对于单要素碳排放绩效还是全要素碳排放绩效，工业智能化都表现出显著的促进作用，但是工业智能化的发展并非凭空产生，而是需要依附于特定载体及受特定要素影响的经济行为，即工业智能化对碳排放绩效的影响也受制于特定环境，或者说，在某些条件下的作用效果更为突出。众所周知，人力资本、固定资本及社会环境往往是经济能否发展、产业能否升级、技术能否进步的决定性因素，那是否意味着工业智能化对碳排放绩效的作用效果也受制于"人 – 物 – 环境"的影响呢？为此，本书在前沿文献的基础上构建人力资本水平、新型基础设施、市场化程度等外生经济变量，基于城市层面样本数据建立调节效应模型，探究影响工业智能化对碳排放绩效作用效果的外在条件，研究结论如下。

第一，从人力资本水平角度来看，在借鉴林伯强和谭睿鹏（2019）的研究思路基础上，选取高等学校在校生人数与劳动力的比值表征人力资本水平，分别检验人力资本水平在工业智能化对单要素碳排放绩效及全要素碳排放绩效下的作用。结果显示，在单要素碳排放绩效视角下，人力资本水平与工业智能化交互项系数显著为正，表明较高的人力资本水平能够促进工业智能化对单要素碳排放绩效的正向作用；在全要素碳排放绩效视角下，人力资本水平与工业智能化交互项系数依然显著为正，表明人力资本水平可能成为提升工业智能化对全要素碳排放影响的重要变量。在进行样本筛选、数据缩尾、指标替换等一系列稳健性检验后，人力资本水平均能显著提升工业智能化对单要素碳排放绩效及全要素碳排放绩效的影响。这意味着人力资本水平可能成为降低地区污染排放与提升环境绩效的关键因素，同时印证了各地不断加码的包括落户、生活补贴、购房折扣等在内的人才吸引政策的前瞻性。

第二，从新型基础设施角度来看，在借鉴赵培阳和鲁志国（2021）的思路选取互联网用户数与总人口的比值表征新型基础设施的基础上，检验在单要素碳排放绩效与全要素碳排放绩效视角下新型基础设施如何影响工业智能化的作用效果。实证结果显示，在单要素碳排放绩效下，新型基础设施与工业智能化交互项系数显著为正，表明新型基础设施的快速普及能够促进工业智能化对单要素碳排放绩效的正向作用；在全要素碳排放绩效下，新型基础设施与工业智能化交互项系数显著为正，意味着新型基础设施能够促进工业智能化对单要素碳排放绩效的激励作用。之后，针对单要素碳排放绩效和全要素碳排放绩效分别进行稳健性检验，结果均显示新型基础设施与工业智能化交互项系数为正。这意味着作为智能化发展基础的新型基础设施，可能成为转变传统经济发展方式、同步实现"绿水青山"与"金山银山"的关键因素。

第三，从市场化程度角度来看，本章在选取非国有经济、行政干预、产品市场成熟度、要素市场完善度4个维度基于熵权法合成市场化程度的基础上，构建市场化程度与工业智能化交互项，分类检验在单要素碳排放绩效与全要素碳排放绩效下的作用。结果表明，在单要素碳排放绩效与全要素碳排放绩效度量视角下，市场化程度与工业智能化交互项系数均显著为负，且在经过剔除直辖市、数据缩尾、替换解释变量及被解释变量等稳健性检验后显著性依然为负。这说明，过于宽松的市场化环境可能不利于工业智能化的碳绩效提升，从侧面印证了主流文献有关环境规制能够促使碳排放绩效提升的结论，表明在环境经济领域，自由化的市场环境可能成为环境绩效及碳绩效较低的原因。

第7章　主要结论与政策建议

7.1　主要结论

随着国际社会对全球变暖的警觉，节能减排已逐渐成为世界上大部分国家的共识。中国作为世界上最大的二氧化碳排放国与发展中国家，面临着降低碳排放与发展经济的双重难题，而提升碳排放绩效可能成为打破两难困境的关键。近年来，随着信息技术的快速普及与广泛应用，数字化、网络化及智能化与制造业的深度融合使得企业从生产要素智能化向生产系统智能化转变，而作为企业研发、生产、销售负产出的污染排放，势必会受到智能化引发的生产流程优化与全产业链重塑影响。在此情形下，本书基于工业智能化这一新型生产形式，试图探究其对碳排放绩效的影响及作用路径，以期为在技术变革中促进环境质量改善，实现经济绿色发展提供理论依据。具体而言，本书在系统梳理有关碳排放绩效与人工智能相关文献的基础上，基于样本数据测算城市碳排放绩效与工业智能化指数，并从时间、空间等多维度探寻动态演化规律；定量考察工业智能化对多种碳排放绩效的作用效果，并探究工业智能化内部差异的异质性影响及城市个体特征的效果差异；基于中介效应模型探寻工业智能化对碳排放绩效的作用路径及各中介变量贡献度；借鉴调节效应模型分析"人－物－环境"等外部要素的影响效应。具体研究结论如下。

第一，在碳排放绩效测算上，基于夜间灯光拟合城市能源消费量，借助城市层面面板数据及超效率 EBM 模型，从侧重产出的单要素碳排放绩效与侧重生产流程的全要素碳排放绩效双重视角测算中国城市碳排放绩效指数，并从时间、空间与区域多维度分析碳排放绩效的动态演变过程，总结碳排放绩效的时空分布特征。结果显示，2003—2017 年，中国单要素碳排放绩效呈缓慢下降趋势，而全要素碳排放绩效除 2017 年外整体变动幅度较小，呈现先增加后减少的演变特征；各经济区碳排放绩效差异明显，对于单要素碳排放绩效和全要素碳排放绩效来说，南部沿海综合经济区与东部沿海综合经济区整体水平较高，黄河中游综合经济区与大西北综合经济区碳排放绩效水平较低，从时间维度来看，各区域内部碳排放绩效逐渐降低，且呈现扁平化的分布趋势；深圳、广州、北京等城市碳排放绩效较高，且与中西部及东北地区城市间差距明显。在工业智能化测算上，引入天眼查微观企业、人工智能技术专利、国际工业机器人联盟等数据，构建包括工业智能化基础、工业智能化能力、工业智能化效益等在内的智能化评价体系，基于熵权法测算工业智能化指数并可视化变动趋势。结果显示，中国工业智能化整体呈上升趋势，工业智能化基础和工业智能化能力表现出缓慢增加的态势，而工业智能化效益则呈现"减少—增加—减少—增加"的波动特征；八大经济区内部工业智能化均随时间的延续而增加，且区域内分布逐渐均等化；城市个体特征显示工业占比较高的地方更容易与智能化进行融合，工业智能化水平也较高。

第二，选取城市层面样本数据及计量模型定量考察工业智能化对碳排放绩效的影响。检验结果显示，在单要素碳排放绩效与全要素碳排放绩效双重视角下，以工业智能化综合指数和机器人渗透率为解释变量的检验结果均表现出显著的正向促进作用，在经过替换变量、数据缩尾、样本筛选、不可观测遗漏变量、工具变量等一系列检验后，结论依旧稳健。工业智能化差异对碳排放绩效作用迥异，从程度差异角度来看，低等程度工业智能化与高等程度工业智能化并没有对碳排放绩效表现出明显的正向作用，仅中等程度工业智能化对碳排放绩效展示出显著的促进作用；从阶段差异角度来看，以美国首次提出"再工业化"的 2009 年为界，工业智能化对碳排放绩效的激励效应在 2009 年之后更为明显；从维度差异角度来看，仅工业智能化基础同时对单要素碳排放绩效与全要素碳排放绩效表现出正向影响，工业智能化效益对全要素碳排放绩效表现出促进作用。城市个体特征成为影响工业智能化作用效果的关键因素，城市规模、区位及资源属性均显示出明显的异质性，其中，大城市工业智能化对碳排放绩效正向作用显著，而中小城市、特大城市及超大城市工业智能化作用效果并不明显；工业智能化促进了东部沿海综合经济区和北部沿海综合经济区碳排放绩效，南部沿海综合经济区、长江中游综合经济区、黄河中游综合经济区、大西北综合经济区、大西南综合经济区、东北综合经济区工业智能化没有对碳排放绩效显示出明显的促进作用；工业智能化的正向影响仅在非资源型城市有效，但是依然促进了成熟型城市碳排放绩效提升，反而在成长型城市显示出负向作用。

第三，结合中介效应模型，在理论推导的基础上从实证层面验证工业智能化作用于碳排放绩效的路径，并分析各传导效应的大小及贡献度。检验结果显示，通过产业结构高级化与产业结构合理化基于熵权法合成产业结构升级指数，进而分别检验工业智能化对碳排放绩效、工业智能化对产业结构升级、工业智能化与产业结构升级对碳排放绩效的影响发现，在不同模型中产业结构升级与工业智能化系数均显著，这意味着工业智能化能够通过产业结构升级作用于碳排放绩效。综合产业结构升级在工业智能化对单要素碳排放绩效与全要素碳排放绩效中的作用大小及贡献度可知，产业结构升级的传导效应均值为 0.0023，平均贡献度为 4.16%。以要素扭曲反向表征要素优化配置，借助中介效应模型检验结果显示，工业智能化系数均显著为正而要素扭曲系数为负，表明工业智能化能够通过促进要素优化配置提升碳排放绩效。对传导效应进行分析可知，要素优化配置的平均效应大小为 0.0014，平均贡献度为 2.65%。采用科学事业费支出与预算内支出的比值表征技术进步，并选取人均发明专利进行对照检验发现，在不同模型与不同变量下，技术进步效应的系数均显著为正，表明技术进步效应是工业智能化影响碳排放绩效的路径之一。综合来看，技术进步效应均值为 0.0027，平均贡献度为 5.25%。

第四，工业智能化对碳排放绩效的作用必然受制于外在环境的影响，本书在样本数据的基础上，借鉴调节效应模型从"人－物－环境"角度出发考察影响工业智能化作用效果的外在条件。实证结果显示，选取高等学校在校生人数与劳动力的比值表征人力资本水平的检验结果表明，无论是在单要素碳排放绩效还是全要素碳排放绩效下，人力资本水平与工业智能化交互项系数都显著为正，且在经过样本筛选、数据缩尾及指标替换等稳健性检验后该交互项系数未发生明显变化，表明人力资本水平能够促进工业智能化对碳排放绩效的正向影响。采用互联网用户数与总人口的比值表征新型基础设施的实证检验结果显示，新型基础设施与工业智能化的交互项系数在单要素和全要素视角下均显著为正，且不因样本、数据等的更改发生变化。这意味着新型基础设施的快速普及有助于提升工业智能化对碳排放绩效的促进效应。从非国有经济、行政干预、产品市场成熟度、要素市场完善度 4 个维度合成城市层面市场化程度指数，调节效应检验结果显示，市场化程度与工业智能化的交互项系数为负，表明自由的市场环境无助于提升工业智能化对碳排放绩效的作用，表明了适度环境规制的必要性。

7.2 政策建议

本书旨在探究智能化革命引发的社会性生产变革如何影响碳排放绩效，基于上述研究结论，为实现工业智能化与碳排放绩效的协同发展提出以下政策建议。

第一，利用智能化革命的良好契机，通过政策引导有序推进社会智能化转型。作为《中国制造 2025》的主要组成部分，智能制造巨大的经济社会效益使其成为助推经济转型发展与社会变革的重要力量。然而，新型技术的发展并非一蹴而就的，而是伴随着巨大的研发投入以及漫长的回报周期，良好的制度环境与完善的配套设施成为智能化能否快速应用的关键，而这离不开国家政策的支持。首先，国家应积极制定宏观层面智能化发展的整体方案，结合我国工业发展短板与转型方向提出现阶段的重大技术攻关方向，通过研发激励政策、税收减免政策、成果转化政策、产权保护政策的构建与协调，引导产业、企业向特定方向转型。建立宽松有序的市场环境，为智能化领域研发及生产经营等提供试错机会，以强有力的政策支撑助推产业、企业的智能化转型。其次，大数据、物联网、5G 基站等智能化设施的投入需要较多的资金储备，单个企业与单个城市可能无力承担，一方面要发挥我国集中力量办大事的优势，在国家层面成立关键技术研发与新型基础设施普及专项基金池，用兼具社会公益属性的国有企业或者向社会购买服务的方式推进新型基础设施的快速建设；另一方面要加强金融机构贷款发放的领域及额度管理，引导贷款向有志进行平台搭建与设备更新但缺乏资金的小微企业发放，同时，政府应主动为具有重大经济价值与社会效益的智能型企业提供贷款担保，缓解企业因资金不足而无法进行智能化升级的困境。

第二，依托智能化重构产业发展路径，建立绿色低碳产业发展体系。本书研究证实，工业智能化能够通过产业结构升级促进碳排放绩效提升，这意味着产业绿色转型可能成为提升碳排放绩效的有效手段，然而产业结构调整不总是朝着环境友好方向演进，而是有其自身的发展规律，借助智能化对产业重构的历史契机，集中优势资源与先进技术打造低碳产业，实现产业结构升级与良性循环。首先，充分利用大数据与信息化发展带来的先进技术，以智能化技术与产业深度融合打破传统产业发展模式，建立包含"软件－硬件－平台"在内的智能化生产体系。在推进产业结构升级的过程中有序引导产业向工业园区转移，利用竞合机制促进企业间良性互动，实现产业绿色转型。其次，对于能够兼顾经济发展与环境保护的高新技术企业，政府应注重产业政策的引导作用，在设立符合地区发展的产业转型目标基础上，构建创新奖励机制与污染排名机制激发企业自主创新能力，实现技术企业向低碳环保企业转型。与此同时，改变传统"唯 GDP 论"的考核机制，将产业结构升级与绿色转型纳入官员考核评价体系，消除地方政府仅注重经济绝对量而忽视内部结构的弊端。

第三，加大高等教育投入与劳动技能培训力度，以人才红利助推智能化绿色转向。作为降低环境污染、提升碳排放绩效的重要载体，智能化环保设备具有技术密集度高、安装程序复杂、操作难度大的特点，这就使得智能化环保设备的生产、普及与应用需要较多高层次的专业性人才，因此人才红利将逐渐替代人口红利成为一国或者一地区经济能否健康可持续发展的关键。首先，高等院校与科研院所作为我国重要的人才培养基地和成果转化平台，承担着基础教育向专业教育转化的职能，因此，在推动综合人才与技能人才分流的基础上，适度扩大高等教育规模、提升整体受教育水平可以培养更多的优质人力资本，为智能化环保设备等新型技术的研发储备力量。增加高等教育经费投入，在引导科研经费向关键学科倾斜的基础上设立重大技术攻关的专项经费，为高精尖人才培养提供充分的资金支持。其次，要优化人才生存环境与使用机制，在完善户籍制度改革与房地产调控的同时增加对教育、交通、医疗等关键民生领域的资金投入，解决人才生存发展的基本难题。推行收入分配制度与科研经费使用改革，增加高端人才劳动收入比重与自主支配科研经费权利，提升人才创新动力。最后，工业智能化的快速渗透在创造新兴就业岗位的同时会对低技能劳动产生替代效应，使大量劳动力由于缺乏相应技术而失业。政府应发挥社会兜底功能，通过人力资源部门、社会保障部门、工会等建立下岗职工再就业、专业技能培训、学历升级等常态化制度，使低技能人员获得从事高端工作岗位的能力与技术。

第四，警惕过度市场化下企业社会责任的缺失，以环境规制助推碳排放绩效的整体改善。尽管研究证明工业智能化能够促进碳排放绩效提升，但在激烈的市场化环境中，面对智能化升级改造的巨大经济投入，在自身利益与社会利益抉择时并非所有企业都会主动推进企业转型，而可能继续从事"高能耗-高污染"的生产模式，因此，采取适度的环境规制与行政干预可能成为约束企业污染和提升碳排放绩效的有效手段。首先，在国家层面建立落后产业转型及淘汰机制，基于环境污染状况动态更新"关停并转"企业目录，提供不同性质企业处置办法与处理意见，在此基础上鼓励各地区因地制宜制定政策，为升级企业提供资金与技术支持，妥善处理关停企业人员安置与资产处理。其次，推进包括环保法规、环保督察、行政诉讼等在内系列行政手段的制定与实行，增加公检法与生态环境部门联合执法的频次，将环保抽查纳入企业日常生产经营全过程，加大对私自排污等违法行为的查处力度。在实施过程中，要注意环境规制过度引发的经济下滑等负向影响，努力实现环境规制与经济政策的合理搭配。最后，注重非正式环境规制的影响力，充分保障媒体及公众发声的权利，建立健全对环境污染问题的举报机制，保障"自下而上"的信息传递路径，加大对举报者个人信息的保护力度，严惩恶意泄露举报人隐私及报复打压举报人的行为。

参考文献

[1]白俊红,刘宇英. 对外直接投资能否改善中国的资源错配[J]. 中国工业经济,2018(1):60-78.

[2]白雪洁,孙献贞. 互联网发展影响全要素碳生产率:成本、创新还是需求引致[J]. 中国人口·资源与环境,2021,31(10):105-117.

[3]布和础鲁,陈玲. 数字时代的产业政策:以新型基础设施建设为例[J]. 中国科技论坛,2021(9):31-41.

[4]蔡庆丰,王瀚佑,李东旭. 互联网贷款、劳动生产率与企业转型:基于劳动力流动性的视角[J]. 中国工业经济,2021(12):146-165.

[5]蔡震坤,綦建红. 工业机器人的应用是否提升了企业出口产品质量:来自中国企业数据的证据[J]. 国际贸易问题,2021(10):17-33.

[6]曹静,周亚林. 人工智能对经济的影响研究进展[J]. 经济学动态,2018(1):103-115.

[7]钞小静,廉园梅,罗鎏锴. 新型数字基础设施对制造业高质量发展的影响[J]. 财贸研究,2021,32(10):1-13.

[8]钞小静,薛志欣,孙艺鸣. 新型数字基础设施如何影响对外贸易升级:来自中国地级及以上城市的经验证据[J]. 经济科学,2020(3):46-59.

[9]陈昊,闫雪凌,朱博楷. 机器人使用影响污染排放的机制和实证研究[J]. 中国经济问题,2021(5):126-138.

[10]陈平,罗艳. 环境规制、经济结构与资源型城市就业:基于资源型城市与非资源型城市的对比分析[J]. 重庆大学学报(社会科学版),2021,27

（3）:191 – 202.

[11]陈晓,郑玉璐,姚笛.工业智能化、劳动力就业结构与经济增长质量:基于中介效应模型的实证检验[J].华东经济管理,2020,34（10）:56 – 64.

[12]陈秀英,刘胜.智能制造转型对产业结构升级影响的实证研究[J].统计与决策,2020,36(13):121 – 124.

[13]陈飞,沈世芳,李永贺,等.城市密度对空间碳绩效的影响:以上海市为例[J].城市问题,2022(2):96 – 103.

[14]陈宗胜,赵源.不同技术密度部门工业智能化的就业效应:来自中国制造业的证据[J].经济学家,2021(12):98 – 106.

[15]程琳琳,张俊飚,何可.多尺度城镇化对农业碳生产率的影响及其区域分异特征研究:基于 SFA、E 指数与 SDM 的实证[J].中南大学学报(社会科学版),2018,24(5):107 – 116.

[16]程琳琳,张俊飚,何可.空间视角下城镇化对农业碳生产率的直接作用与间接溢出效应研究[J].中国农业资源与区划,2019,40(11):48 – 56.

[17]戴魁早,刘友金.市场化改革能推进产业技术进步吗:中国高技术产业的经验证据[J].金融研究,2020(2):71 – 90.

[18]邓荣荣.长株潭"两型社会"建设试点的碳减排绩效评价:基于双重差分方法的实证研究[J].软科学,2016,30(9):51 – 55.

[19]邓荣荣,詹晶.低碳试点促进了试点城市的碳减排绩效吗:基于双重差分方法的实证[J].系统工程,2017,35(11):68 – 73.

[20]邓荣荣,张翱祥.中国城市数字金融发展对碳排放绩效的影响及机理[J].资源科学,2021,43(11):2316 – 2330.

[21]丁从明,吉振霖,雷雨,等.方言多样性与市场一体化:基于城市圈的视角[J].经济研究,2018,53(11):148 – 164.

[22]丁绪辉,张紫璇,吴凤平.双控行动下环境规制对区域碳排放绩效的门槛效应研究[J].华东经济管理,2019,33(7):44 – 51.

[23]董直庆,刘备,蔡玉程.财富水平与能源偏向型技术进步:来自地

区面板数据的经验证据[J].东南大学学报(哲学社会科学版),2020,22
(2):41-53.

[24]董直庆,王辉.城市财富与绿色技术选择[J].经济研究,2021,56
(4):143-159.

[25]董直庆,王辉.市场型环境规制政策有效性检验:来自碳排放权交
易政策视角的经验证据[J].统计研究,2021,38(10):48-61.

[26]杜文强.工业机器人应用促进了产业结构升级吗:对2006—2016
年中国284个地级市的实证检验[J].西部论坛,2022,32(1):97-110.

[27]樊纲,王小鲁,张立文,等.中国各地区市场化相对进程报告[J].
经济研究,2003(3):9-18,89.

[28]冯苑,聂长飞,张东.宽带基础设施建设对城市创新能力的影
响[J].科学学研究,2021,39(11):2089-2100.

[29]高琳.分权的生产率增长效应:人力资本的作用[J].管理世界,
2021,37(3):6-8,67-83.

[30]耿子恒,汪文祥,郭万福.人工智能与中国产业高质量发展:基于
对产业升级与产业结构优化的实证分析[J].宏观经济研究,2021(12):38-
52,82.

[31]顾海峰,卞雨晨.财政支出、金融及FDI发展与文化产业增长:城
镇化与教育水平的调节作用[J].中国软科学,2021(5):26-37.

[32]郭敏,方梦然.人工智能与生产率悖论:国际经验[J].经济体制改
革,2018(5):171-178.

[33]韩峰,谢锐.生产性服务业集聚降低碳排放了吗:对我国地级及以
上城市面板数据的空间计量分析[J].数量经济技术经济研究,2017,34(3):
40-58.

[34]何康.环境规制、行业异质性与中国工业全要素碳排放绩效[J].
中国科技论坛,2014(4):62-67.

[35]何文举,张华峰,陈雄超,等.中国省域人口密度、产业集聚与碳排
放的实证研究:基于集聚经济、拥挤效应及空间效应的视角[J].南开经济研

究,2019(2):207-225.

[36]侯世英,宋良荣.智能化对区域经济增长质量发展的影响及内在机理:基于2012—2018年中国省级面板数据[J].广东财经大学学报,2021,36(4):4-16.

[37]胡俊,杜传忠.人工智能推动产业转型升级的机制、路径及对策[J].经济纵横,2020(3):94-101.

[38]胡求光,周宇飞.开发区产业集聚的环境效应:加剧污染还是促进治理?[J].中国人口·资源与环境,2020,30(10):64-72.

[39]胡祥培,李永刚,孙丽君,等.基于物联网的在线智能调度决策方法[J].管理世界,2020,36(8):178-189.

[40]黄海燕,刘叶,彭刚.工业智能化对碳排放的影响:基于我国细分行业的实证[J].统计与决策,2021,37(17):80-84.

[41]纪祥裕,顾乃华.知识产权示范城市的设立会影响创新质量吗?[J].财经研究,2021,47(5):49-63.

[42]纪玉俊,廉雨晴.制造业集聚、城市特征与碳排放[J].中南大学学报(社会科学版),2021,27(3):73-87.

[43]江婉舒,周立志,周小春.基于熵权法的安徽省湿地重要性评估[J].长江流域资源与环境,2021,30(5):1164-1174.

[44]阚大学.要素市场扭曲抑制了城镇化效率提升吗[J].财经科学,2016(8):113-123.

[45]康茜,林光华.工业机器人与农民工就业:替代抑或促进[J].山西财经大学学报,2021,43(2):43-56.

[46]兰宜生,徐小锋.城镇化能够提高环境绩效吗?[J].经济经纬,2019,36(4):1-8.

[47]李德山,徐海锋,张淑英.金融发展、技术创新与碳排放效率:理论与经验研究[J].经济问题探索,2018(2):169-174.

[48]李健旋.中国制造业智能化程度评价及其影响因素研究[J].中国软科学,2020(1):154-163.

[49]李凯杰,董丹丹,韩亚峰.绿色创新的环境绩效研究:基于空间溢出和回弹效应的检验[J].中国软科学,2020(7):112-121.

[50]李锴,齐绍洲.贸易开放、自选择与中国区域碳排放绩效差距:基于倾向得分匹配模型的"反事实"分析[J].财贸研究,2018,29(1):50-65,110.

[51]李磊,王小霞,包群.机器人的就业效应:机制与中国经验[J].管理世界,2021,37(9):104-119.

[52]李力,刘全齐,唐登莉.碳绩效、碳信息披露质量与股权融资成本[J].管理评论,2019,31(1):221-235.

[53]李琳,赵桁."两业"融合与碳排放效率关系研究[J].经济经纬,2021,38(5):71-79.

[54]李珊珊,罗良文.地方政府竞争下环境规制对区域碳生产率的非线性影响:基于门槛特征与空间溢出视角[J].商业研究,2019(1):88-97.

[55]李珊珊,马艳芹.环境规制对全要素碳排放效率分解因素的影响:基于门槛效应的视角[J].山西财经大学学报,2019,41(2):50-62.

[56]李舒沁,王灏晨.人工智能对老龄化背景下制造业劳动力的影响:来自中国的证据[J].科学学与科学技术管理,2021,42(7):3-17.

[57]李小平,余东升,余娟娟.异质性环境规制对碳生产率的空间溢出效应:基于空间杜宾模型[J].中国软科学,2020(4):82-96.

[58]李晓阳,赵宏磊,王思读.产业转移对中国绿色经济效率的机遇和挑战:基于人力资本的门槛回归[J].现代经济探讨,2018(9):71-78,89.

[59]李丫丫,潘安,彭永涛,等.工业机器人对省域制造业生产率的异质性影响[J].中国科技论坛,2018(6):121-126.

[60]李越.智能化生产方式对产业结构变迁的作用机理:基于马克思主义政治经济学视角[J].财经科学,2021(1):53-64.

[61]廖茂林,任羽菲,张小溪.能源偏向型技术进步的测算及对能源效率的影响研究:基于制造业27个细分行业的实证考察[J].金融评论,2018,10(2):15-31,122-123.

[62]林伯强,谭睿鹏. 中国经济集聚与绿色经济效率[J]. 经济研究,2019,54(2):119-132.

[63]刘晨跃,徐盈之. 城镇化如何影响雾霾污染治理:基于中介效应的实证研究[J]. 经济管理,2017,39(8):6-23.

[64]刘婕,魏玮. 城镇化率、要素禀赋对全要素碳减排效率的影响[J]. 中国人口·资源与环境,2014,24(8):42-48.

[65]刘军,陈嘉钦. 智能化能促进中国产业结构转型升级吗[J]. 现代经济探讨,2021(7):105-111.

[66]刘军,钱宇,曹雅茹,等. 中国制造业智能化驱动因素及其区域差异[J]. 中国科技论坛,2022(1):84-93.

[67]刘亮,胡国良. 人工智能与全要素生产率:证伪"生产率悖论"的中国证据[J]. 江海学刊,2020(3):118-123.

[68]刘屏,江鑫. 房价上涨如何影响城市创新发展能力:基于中国283个地级市面板数据的实证分析[J]. 世界经济文汇,2021(5):86-102.

[69]刘啟仁,陈恬. 出口行为如何影响企业环境绩效[J]. 中国工业经济,2020(1):99-117.

[70]刘涛雄,刘骏. 人工智能、机器人与经济发展研究进展综述[J]. 经济社会体制比较,2018(6):172-178.

[71]刘涛雄,潘资兴,刘骏. 机器人技术发展对就业的影响:职业替代的视角[J]. 科学学研究,2022,40(3):443-453.

[72]刘亦文,欧阳莹,蔡宏宇. 中国农业绿色全要素生产率测度及时空演化特征研究[J]. 数量经济技术经济研究,2021,38(5):39-56.

[73]吕朝凤,朱丹丹. 市场化改革如何影响长期经济增长:基于市场潜力视角的分析[J]. 管理世界,2016(2):32-44.

[74]马海良,董书丽. 不同类型环境规制对碳排放效率的影响[J]. 北京理工大学学报(社会科学版),2020,22(4):1-10.

[75]马海良,张格琳. 偏向性技术进步对碳排放效率的影响研究:以长江经济带为例[J]. 软科学,2021,35(10):100-106.

[76] 梅晓红,葛扬,康丽. 城市政府行政效率对碳排放的影响:基于高铁和 NGO 的调节作用[J]. 软科学,2021,35(12):36 – 41.

[77] 宁光杰,张雪凯. 劳动力流转与资本深化:当前中国企业机器替代劳动的新解释[J]. 中国工业经济,2021(6):42 – 60.

[78] 潘红波,饶晓琼.《环境保护法》、制度环境与企业环境绩效[J]. 山西财经大学学报,2019,41(3):71 – 86.

[79] 裴耀琳,郭淑芬. 资源禀赋约束下生产性服务业集聚的产业结构调整效应研究:基于资源型城市与非资源型城市的对比分析[J]. 软科学,2021,35(1):62 – 67.

[80] 邵桂兰,常瑶,李晨. 出口商品结构对碳生产率的门槛效应研究[J]. 资源科学,2019,41(1):142 – 151.

[81] 邵帅,李欣,曹建华. 中国的城市化推进与雾霾治理[J]. 经济研究,2019,54(2):148 – 165.

[82] 沈洪涛,周艳坤. 环境执法监督与企业环境绩效:来自环保约谈的准自然实验证据[J]. 南开管理评论,2017,20(6):73 – 82.

[83] 沈坤荣,史梦昱. 以新型基础设施建设推进产业转型升级[J]. 江苏行政学院学报,2021(2):42 – 49.

[84] 沈能,周晶晶. 技术异质性视角下的我国绿色创新效率及关键因素作用机制研究:基于 Hybrid DEA 和结构化方程模型[J]. 管理工程学报,2018,32(4):46 – 53.

[85] 沈小波,陈语,林伯强. 技术进步和产业结构扭曲对中国能源强度的影响[J]. 经济研究,2021,56(2):157 – 173.

[86] 石敏俊,张雪. 城市异质性与高铁对城市创新的作用:基于 264 个地级市的数据[J]. 经济纵横,2020(2):15 – 22.

[87] 史丹,李少林. 排污权交易制度与能源利用效率:对地级及以上城市的测度与实证[J]. 中国工业经济,2020(9):5 – 23.

[88] 宋文飞. 中国外商直接投资对碳生产率的双边效应[J]. 大连理工大学学报(社会科学版),2021,42(5):52 – 63.

[89]苏丹妮,盛斌.服务业外资开放如何影响企业环境绩效:来自中国的经验[J].中国工业经济,2021(6):61-79.

[90]睢博,雷宏振.工业智能化能促进企业技术创新吗:基于中国2010—2019年上市公司数据的分析[J].陕西师范大学学报(哲学社会科学版),2021,50(3):130-140.

[91]孙慧,向仙虹.资源型产业转移、技术溢出与碳生产率:基于动态空间杜宾模型的分析[J].地域研究与开发,2021,40(3):14-19.

[92]孙金山,李钢,汪勇.中国潜在增长率的估算:人力资本变化的视角[J].中国人口·资源与环境,2021,31(7):127-137.

[93]孙攀,吴玉鸣,鲍曙明.产业结构变迁对碳减排的影响研究:空间计量经济模型实证[J].经济经纬,2018,35(2):93-98.

[94]孙早,侯玉琳.工业智能化如何重塑劳动力就业结构[J].中国工业经济,2019(5):61-79.

[95]孙早,侯玉琳.工业智能化与产业梯度转移:对"雁阵理论"的再检验[J].世界经济,2021,44(7):29-54.

[96]孙早,侯玉琳.人工智能发展对产业全要素生产率的影响:一个基于中国制造业的经验研究[J].经济学家,2021(1):32-42.

[97]谭建立,赵哲.财政支出结构、新型城镇化与碳减排效应[J].当代财经,2021(8):28-40.

[98]唐国平,万仁新."工匠精神"提升了企业环境绩效吗[J].山西财经大学学报,2019,41(5):81-93.

[99]唐李伟,胡宗义,张勇军.基于非径向 BML-DEA 模型的地区工业环境绩效测度[J].统计研究,2015,32(3):21-28.

[100]唐晓华,迟子茗.工业智能化对制造业高质量发展的影响研究[J].当代财经,2021(5):102-114.

[101]田云,尹忞昊.技术进步促进了农业能源碳减排吗:基于回弹效应与空间溢出效应的检验[J].改革,2021(12):45-58.

[102]王兵,王启超.全要素生产率、资源错配与工业智能化战略:基于

广东企业的分析[J]. 广东社会科学,2019(5):17-26.

[103]王惠,卞艺杰,王树乔. 出口贸易、工业碳排放效率动态演进与空间溢出[J]. 数量经济技术经济研究,2016,33(1):3-19.

[104]王峤,刘修岩,李迎成. 空间结构、城市规模与中国城市的创新绩效[J]. 中国工业经济,2021(5):114-132.

[105]王军,常红. 人工智能对劳动力市场影响研究进展[J]. 经济学动态,2021(8):146-160.

[106]王丽,张岩,高国伦. 环境规制、技术创新与碳生产率[J]. 干旱区资源与环境,2020,34(3):1-6.

[107]王林辉,胡晟明,董直庆. 人工智能技术会诱致劳动收入不平等吗:模型推演与分类评估[J]. 中国工业经济,2020(4):97-115.

[108]王林辉,姜昊,董直庆. 工业智能化会重塑企业地理格局吗[J]. 中国工业经济,2022(2):137-155.

[109]王林辉,王辉,董直庆. 经济增长和环境质量相容性政策条件:环境技术进步方向视角下的政策偏向效应检验[J]. 管理世界,2020,36(3):39-60.

[110]王少剑,高爽,黄永源,等. 基于超效率SBM模型的中国城市碳排放绩效时空演变格局及预测[J]. 地理学报,2020,75(6):1316-1330.

[111]王书斌. 工业智能化升级与城市层级结构分化[J]. 世界经济,2020,43(12):102-125.

[112]王文. 数字经济时代下工业智能化促进了高质量就业吗[J]. 经济学家,2020(4):89-98.

[113]王小鲁,樊纲,胡李鹏. 中国分省份市场化指数报告[M]. 北京:社会科学文献出版社,2018.

[114]王馨,王营. 绿色信贷政策增进绿色创新研究[J]. 管理世界,2021,37(6):173-188+11.

[115]王鑫静,程钰,丁立,等."一带一路"沿线国家科技创新对碳排放效率的影响机制研究[J]. 软科学,2019,33(6):72-78.

[116]王鑫静,程钰．城镇化对碳排放效率的影响机制研究:基于全球118个国家面板数据的实证分析[J]．世界地理研究,2020,29(3):503-511.

[117]王许亮,王恕立,滕泽伟．中国服务业碳生产率的空间收敛性研究[J]．中国人口·资源与环境,2020,30(2):70-79.

[118]王学义,何泰屹．人力资本对人工智能企业绩效的影响:基于中国282家人工智能上市企业的分析[J]．中国人口科学,2021(5):88-101,128.

[119]王玉娟,江成涛,蒋长流．新型城镇化与低碳发展能够协调推进吗:基于284个地级及以上城市的实证研究[J]．财贸研究,2021,32(9):32-46.

[120]韦东明,顾乃华,韩永辉．人工智能推动了产业结构转型升级吗:基于中国工业机器人数据的实证检验[J]．财经科学,2021(10):70-83.

[121]魏玮,张万里,宣旸．劳动力结构、工业智能与全要素生产率:基于我国2004—2016年省级面板数据的分析[J]．陕西师范大学学报(哲学社会科学版),2020,49(4):143-155.

[122]魏下海,张沛康,杜宇洪．机器人如何重塑城市劳动力市场:移民工作任务的视角[J]．经济学动态,2020(10):92-109.

[123]温湖炜,钟启明．智能化发展对企业全要素生产率的影响:来自制造业上市公司的证据[J]．中国科技论坛,2021(1):84-94.

[124]温忠麟,张雷,侯杰泰,等．中介效应检验程序及其应用[J]．心理学报,2004(5):614-620.

[125]武盈盈,张伟．中国城市化与碳排放动态因果关系研究:基于拔靴滚动检验方法[J]．东岳论丛,2019,40(10):84-93.

[126]谢波,李松月．贸易开放、技术创新对我国西部制造业碳排放绩效影响研究[J]．科技管理研究,2018,38(9):84-90.

[127]谢萌萌,夏炎,潘教峰,等．人工智能、技术进步与低技能就业:基于中国制造业企业的实证研究[J]．中国管理科学,2020,28(12):54-66.

[128]熊娜,宋洪玲,崔海涛.产业协同融合与碳排放结构变化:东盟一体化经验证据[J].中国软科学,2021(6):175-182.

[129]闫华红,蒋婕,吴启富.基于产权性质分析的碳绩效对财务绩效的影响研究[J].数理统计与管理,2019,38(1):94-104.

[130]闫雪凌,朱博楷,马超.工业机器人使用与制造业就业:来自中国的证据[J].统计研究,2020,37(1):74-87.

[131]严成樑,李涛,兰伟.金融发展、创新与二氧化碳排放[J].金融研究,2016(1):14-30.

[132]杨东亮,郑鸽.城市规模对劳动力工资的异质性影响:基于中国2017年流动人口调查数据的实证[J].财经科学,2021(2):95-108.

[133]杨光,侯钰.工业机器人的使用、技术升级与经济增长[J].中国工业经济,2020(10):138-156.

[134]杨国涛,张特,东梅.中国农业生产效率与减贫效率研究[J].数量经济技术经济研究,2020,37(4):46-65.

[135]杨柳青青.产业绿色转型对边界环境绩效的影响研究[J].管理学报,2020,17(7):1052-1058.

[136]杨庆,江成涛,蒋旭东,等.高技术产业集聚能提升碳生产率吗?[J].宏观经济研究,2021(4):141-159.

[137]姚树俊,荆玉蕾,丁冠翔.智能信息互联、绿色治理能力与制造业环境绩效[J].西安财经大学学报,2022,35(1):53-65.

[138]叶祥松,刘敬.政府支持与市场化程度对制造业科技进步的影响[J].经济研究,2020,55(5):83-98.

[139]于斌斌.生产性服务业集聚与能源效率提升[J].统计研究,2018,35(4):30-40.

[140]于连超,张卫国,毕茜,等.政府环境审计会提高企业环境绩效吗?[J].审计与经济研究,2020,35(1):41-50.

[141]于向宇,陈会英,李跃.基于合成控制法的碳交易机制对碳绩效的影响[J].中国人口·资源与环境,2021,31(4):51-61.

[142]余壮雄,陈婕,董洁妙.通往低碳经济之路:产业规划的视角[J].经济研究,2020,55(5):116 - 132.

[143]袁润松,丰超,王苗,等.中国区域绿色低碳生产率增长源泉分解研究[J].福建师范大学学报(哲学社会科学版),2016(5):9 - 16,168.

[144]袁长伟,张帅,焦萍,等.中国省域交通运输全要素碳排放效率时空变化及影响因素研究[J].资源科学,2017,39(4):687 - 697.

[145]原嫄,席强敏,孙铁山,等.产业结构对区域碳排放的影响:基于多国数据的实证分析[J].地理研究,2016,35(1):82 - 94.

[146]原嫄,周洁.中国省域尺度下产业结构多维度特征及演化对碳排放的影响[J].自然资源学报,2021,36(12):3186 - 3202.

[147]岳宇君,顾萌.人工智能会改变制造企业的成本粘性吗?[J].东南大学学报(哲学社会科学版),2022,24(1):90 - 99,147.

[148]张萃,李亚倪.城市人力资本、社会交流网络与企业创新[J].经济与管理评论,2021,37(6):51 - 62.

[149]张峰,殷西乐,丁思琪.市场化改革与企业创新:基于制度性交易成本的解释[J].山西财经大学学报,2021,43(4):32 - 46.

[150]张华,丰超.创新低碳之城:创新型城市建设的碳排放绩效评估[J].南方经济,2021(3):36 - 53.

[151]张华,魏晓平.绿色悖论抑或倒逼减排:环境规制对碳排放影响的双重效应[J].中国人口·资源与环境,2014,24(9):21 - 29.

[152]张杰,周晓艳,郑文平,等.要素市场扭曲是否激发了中国企业出口[J].世界经济,2011,34(8):134 - 160.

[153]张军,吴桂英,张吉鹏.中国省际物质资本存量估算:1952—2000[J].经济研究,2004(10):35 - 44.

[154]张龙平,李苗苗,陈丽红.国家审计会影响低碳发展吗:基于中国省级面板数据的实证研究[J].审计与经济研究,2019,34(5):9 - 21.

[155]张青,茹少峰.新型数字基础设施促进现代服务业虚拟集聚的路径研究[J].经济问题探索,2021(7):123 - 135.

[156]张腾飞,杨俊,盛鹏飞.城镇化对中国碳排放的影响及作用渠道[J].中国人口·资源与环境,2016,26(2):47-57.

[157]张万里,宣旸,睢博,等.产业智能化、劳动力结构和产业结构升级[J].科学学研究,2021,39(8):1384-1395.

[158]张伟,李国祥.环境分权体制下人工智能对环境污染治理的影响[J].陕西师范大学学报(哲学社会科学版),2021,50(3):121-129.

[159]张文武,余泳泽.城市服务多样性与劳动力流动:基于"美团网"大数据和流动人口微观调查的分析[J].金融研究,2021(9):91-110.

[160]张亚连,刘巧.企业碳绩效指标体系构建及测算[J].统计与决策,2020,36(12):166-169.

[161]张艳,郑贺允,葛力铭.资源型城市可持续发展政策对碳排放的影响[J].财经研究,2022,48(1):49-63.

[162]张兆国,张弛,裴潇.环境管理体系认证与企业环境绩效研究[J].管理学报,2020,17(7):1043-1051.

[163]张治栋,廖常文.技术创新与长江经济带产业结构升级:市场化的调节作用[J].科技进步与对策,2020,37(7):26-34.

[164]赵柄鉴,谭君印,文传浩.智能化与工业竞争力:理论机制与实证研究[J].统计与决策,2021,37(23):174-178.

[165]赵培阳,鲁志国.粤港澳大湾区信息基础设施对经济增长的空间溢出效应:基于空间计量和门槛效应的实证分析[J].经济问题探索,2021(8):65-81.

[166]赵鹏军,曾良恩,路海艳,等.中国区域城市建设用地经济效率及影响因素空间计量分析[J].城市发展研究,2019,26(7):37-49.

[167]赵新宇,郑国强,万宇佳.官员激励、要素市场扭曲与产业结构升级[J].东北师大学报(哲学社会科学版),2019(6):159-166.

[168]郑军,郭宇欣,唐亮.区域一体化合作能否助推产业结构升级:基于长三角城市经济协调会的准自然实验[J].中国软科学,2021(8):75-85.

[169]周迪,周丰年,王雪芹.低碳试点政策对城市碳排放绩效的影响

评估及机制分析[J]. 资源科学,2019,41(3):546-556.

[170]周广肃,李力行,孟岭生. 智能化对中国劳动力市场的影响:基于就业广度和强度的分析[J]. 金融研究,2021(6):39-58.

[171]周晖,邓舒. 高管薪酬与环境绩效:基于上市公司外部治理环境的视角[J]. 上海财经大学学报,2017,19(5):27-39.

[172]周杰琦,韩颖,张莹. 外资进入、环境管制与中国碳排放效率:理论与经验证据[J]. 中国地质大学学报(社会科学版),2016,16(2):50-62.

[173]周杰琦,汪同三. FDI、要素市场扭曲与碳排放绩效:理论与来自中国的证据[J]. 国际贸易问题,2017(7):96-107.

[174]周晓时,李俊鹏,吴清华. 人工智能发展对农业生产率的影响:基于跨国面板数据的实证分析[J]. 华中农业大学学报(社会科学版),2021(5):158-167,199.

[175]周志方,李祎,肖恬,等. 碳风险意识、低碳创新与碳绩效[J]. 研究与发展管理,2019,31(3):72-83.

[176]周志方,肖恬,曾辉祥. 企业碳绩效与财务绩效相关性研究:来自英国富时350指数的证据[J]. 中国地质大学学报(社会科学版),2017,17(5):32-43.

[177]朱若然,陈贵富. 金融发展能降低家庭贫困率吗?[J]. 宏观经济研究,2019(6):152-163.

[178]邹涛,李沙沙. 要素价格扭曲阻碍了企业有效市场退出吗:来自中国制造业企业的微观证据[J]. 产业经济研究,2021(6):87-100.

[179]左鹏飞,于长钺,陈静. 信息基础设施建设对两化深度融合影响的动态模型分析[J]. 情报科学,2021,39(5):85-90.

[180]ACEMOGLU D. Directed technical change[J]. Review of economic studies, 2002, 69(4): 781-810.

[181]ACEMOGLU D, AGHION P, BURSZTYN L, et al. The environment and directed technical change[J]. American economic review, 2012, 102(1): 131-166.

[182] ACEMOGLU D, RESTREPO P. The race between man and machine: implications of technology for growth, factor shares, and employment[J]. American economic review, 2018, 108(6): 1488 – 1542.

[183] ACEMOGLU D, RESTREPO P. Robots and jobs: evidence from US labor markets[J]. Journal of political economy, 2020, 128(6): 2188 – 2244.

[184] AGHION P, ANTONIN C, BUNEL S, et al. What are the labor and product market effect so fautomation? New evidence from France[Z]. CEPR working paper, 2020, No. 14443.

[185] AGHION P, JONES B F, JONES C I. Artificial intelligence and economic growth[R]. National bureau of economic research, 2017.

[186] AI H, HU S, LI K, et al. Environmental regulation, total factor productivity, and enterprise duration: evidence from China[J]. Business strategy and the environment, 2020, 29(6): 2284 – 2296.

[187] AKINYELE D O, RAYUDU R K. Techno – economic and life cycle environmental performance analyses of a solar photovoltaic microgrid system for developing countries[J]. Energy, 2016, 109(15):160 – 179.

[188] ALAM S, FATIMA A, BUTT M S. Sustainable development in Pakistan in the context of energy consumption demand and environmental degradation[J]. Journal of Asian economics, 2007, 18(5): 825 – 837.

[189] ALAM M S, ATIF M, CHIEN – CHI C, et al. Does corporate R&D investment affect firm environmental performance? Evidence from g – 6 countries[J]. Energy economics, 2019, 78(2): 401 – 411.

[190] AL – MULALI U, OZTUR K I, LEAN H H. The influence of economic growth, urbanization, trade openness, financial development, and renewable energy on pollution in Europe [J]. Natural hazards, 2015, 79 (1): 621 – 644.

[191] ANDERSEN P, PETERSEN N C. A procedure for ranking efficient units in data envelopment analysis[J]. Management science, 1993, 39(10):

1261 – 1294.

[192] ARNTZ M, GREGORY T, ZIERAHU U. The risk of automation for jobs in OECD countries. [R]. OECD Social Employment & Migration Working Paper, 2016.

[193] ARRANZ N, ARROYABE C F, ARROYABE J C F D. The effect of regional factors in the development of eco – innovations in the firm[J]. Business strategy and the environment, 2019, 28:1406 – 1415.

[194] ASONGU S, ROUX S L, BIEKPE N. Enhancing ICT for environmental sustainability in Sub – Saharan Africa[J]. Technological forecasting and social change, 2018, 127(2): 209 – 216.

[195] AUTOR D, DORN D. The growth of low – skill service jobs and the polarization of the US labor market[J]. American economic review, 2013, 103 (5): 1553 – 1597.

[196] AUTOR D H. Why are thee restill so many jobs? The history and future of work place automation[J]. Journal of econmic perspectives, 2015, 29 (3): 3 – 30.

[197] BAI C Q, DU K R, YU Y, et al. Understanding the trend of total factor carbon productivity in the world: insights from convergence analysis[J]. Energy economics, 2019, 81(5): 698 – 708.

[198] BENFRATELLO L, SCHIANTARELLI F, SEMBENELLI A. Banks and innovation: microeconometric evidence on Italian firms[J]. Journal of financial economics, 2008, 90(2): 197 – 217.

[199] BERG M A, BUFFIE M, ZANNA L F. Should we fear the robot revolution? The correct answer is yes[J]. Journal of monetary economics, 2018, 97 (8): 117 – 148.

[200] BUSSO M, GREGORY J, KLINE P, et al. Assessing the incidence and efficiency of a prominent place based policy[J]. American economic review, 2013, 103(2): 897 – 947.

[201] CHAKRABORTY D, MUKHE R S. How do trade and investment flows affect environmental sustainability? Evidence from panel data[J]. Environmental development, 2013, 6(6): 34 –47.

[202] CHEN L, XU L, YANG Z. Accounting carbon emission changes under regional industrial transfer in an urban agglomeration in China's Pearl River Delta[J]. Journal of cleaner production, 2017, 167: 110 –119.

[203] CHEN J, GAO M, MANGLA S K, et al. Effects of technological changes on China's carbon emissions[J]. Technological forecasting and social change, 2020, 153: 119938.

[204] CHENG J, YI J, DAI S, et al. Can low – carbon city construction facilitate green growth? Evidence from China's pilot low – carbon city initiative [J]. Journal of cleaner production, 2019, 231(9): 1158 –1170.

[205] CHENG Z, LI L, LIU J. Industrial structure, technical progress and carbon intensity in China's provinces[J]. Renewable sustainable energy review, 2018, 81 (2):2935 –2946.

[206] CHOI Y, NING Z, ZHOU P. Efficiency and abatement costs of energy – related CO_2 emissions in China: a slacks – based efficiency measure[J]. Applied energy, 2012, 98: 198 –208.

[207] CLARKSON P M, LI Y, RICHARDSON G D, et al. Revisiting the relation between environmental performance and environmental disclosure: an empirical analysis[J]. Accounting, organizations and society, 2008, 33 (4 – 5): 303 –327.

[208] CLARKSON P M, LI Y, RICHARDSON G D, et al. Does it really pay to be green? Determiants and consequences of proactive environmental strategies[J]. Journal of accounting and public policy, 2011, 30(2): 122 –144.

[209] CLARKSON P M, OVERELL M, CHAPPOLE L L. Environmental reporting and its relation to corporate environmental performance[J]. Abacus, 2011, 47(1): 27 –60.

[210]DEL RÍO P, PEASCO C, ROMERO – JORDáN D. Distinctive features of environmental innovators: an econometric analysis[J]. Business strategy and the environment, 2015, 24(6): 361 – 386.

[211]DU K, HUANG L, YU K. Sources of the potential CO_2 emission reduction in China: a nonparametric metafrontier approach[J]. Applied energy, 2014, 115(4): 491 – 501.

[212]DU K R, LI J L. Towards a green world: how do green technology innovations affect total factor carbon productivity[J]. Energy policy, 2019, 131: 240 – 250.

[213]EKINS P, POLLITT H, SUMMERTON P, et al. Increasing carbon and material productivity through environmental tax reform[J]. Energy policy, 2012, 42: 365 – 376.

[214]ESTY D C, DUA A. Sustaining the Asia Pacific Miracle: environmental protection and economic integration[J]. Asia pacific iournal of environmental law, 1997, 3(1): 150 – 152.

[215]FREY C B, OSBORNE M A. The future of employment: how susceptible are jobs to computerisation [J]. Technological forecasting and social change, 2017, 114: 254 – 280.

[216]FU Y, YE X, WANG Z. Structure changes in manufacturing industry and efficiency improvement in economic growth[J]. Economic research journal, 2016(8): 86 – 100.

[217]GAO G, WANG K, ZHANG C, et al. Synergistic effects of environmental regulations on carbon productivity growth in China's major industrial sectors[J]. Natural hazards, 2019, 95(1): 55 – 72.

[218]GASTEIGER E, PRETTNER K. On the possibility of automation – induced stagnation[J]. Hohenheim discussion papers in business, economics and social sciences, 2017(8).

[219]GAVUROVA B, KOCISOVA K, BEHUN M, et al. Environmental

performance in OECD countries: a non – radial DEA approach[J]. Acta montanistica slovaca, 2018, 23(2):206 – 215.

[220]GLAESER E L, LU M. Human capitiol externalities in China[R]. Nber Working Papers, 2018.

[221]GOLDSMITH – PINKHAM P, SORKIN I, SWIFT H. Bartik instruments: what, when, why, and how[J]. American ecomnomic review, 2020, 110(8):2586 – 2624.

[222]GORDON R J. Off its pinnacle: is the United States entering a period of sustained low economic growth[J]. Finance & development, 2016, 53 (2).

[223]GOU X, LU C C, LEE J H, et al. Applying the dynamic DEA model to evaluate the energy efficiency of OECD countries and China[J]. Energy, 2017, 134(1): 392 – 399.

[224]GRAETZ G, MICHAELS G. Robots at work[J]. The review of economics and statistics, 2018, 100(5): 753 – 768.

[225] GRIES T, NAUDÉ W. Artificial intelligence, income distribution and economic growth[Z]. IZA Discussion Paper, 2020, No. 13606.

[226] GROSSMAN G M, KRUEGER A B. Environmental impacts of a North American free trade agreement[J]. CEPR discussion papers, 1992, 8 (2): 223 – 250.

[227]GUO J Y, LIU J Q. Empirical research on the relationship of export trade and carbon emissions[C]. International Conference on Management Science and Engineering (18th), 2011.

[228]HAN J, MENG X, ZHOU X, et al. A long – term analysis of urbanization process, landscape change, and carbon sources and sinks: a case study in China's Yangtze River Delta region[J]. Journal of cleaner production, 2017, 141: 1040 – 1050.

[229]HANSON R. Economic growth given machine intelligence[J]. Journal of artificial intelligence research, 2001(11): 1 – 13.

[230]HAQUE, FAIZUL. The effects of board characteristics and sustainable compensation policy on carbon performance of UK firms[J]. British accounting review, 2017: 347 – 364.

[231]HE A, XUE Q, ZHAO R, et al. Renewable energy technological innovation, market forces, and carbon emission efficiency[J]. Science of the total environment, 2021, 796(3): 148908.

[232]HE J K, SU M S. Carbon productivity analysis to address global climate change[J]. Chinese journal of population, resources and environment, 2011, 9(1): 9 – 15.

[233]HE Z, XU S, SHEN W, et al. Impact of urbanization on energy related CO_2 emission at different development levels: regional difference in China based on panel estimation[J]. Journal of cleaner production, 2017, 140(3): 1719 – 1730.

[234]HIGON D A, GHOLAMI R, SHIRAZI F. ICT and environmental sustainability: a global perspective[J]. Telematics and informatics, 2017, 34 (4): 85 – 95.

[235]HOU X H, WANG Q. Implications of banking marketization for the lending channel of monetary policy transmission: evidence from China[J]. Journal of macroeconomics, 2013, 38:442 – 451.

[236]HSIEH C T, KLENOW P J. Misallocation and manufacturing TFP in China and India[J]. The quarterly journal of economics, 2009, 124 (4): 1403 – 1448.

[237]HU W, FAN Y. City size and energy conservation: do large cities in China consume more energy[J]. Energy economics, 2020, 92:104943.

[238]IOANNIS I, LI S X, SERAFEIM G. The effect of target difficulty on target completion: the case of reducing carbon emissions[J]. The accounting review, 2016, 91(5): 1467 – 1492.

[239]JOUVET P, PESTIEAU P, PONTHIERE G. Longevity and environ-

mental quality in an OLG model[J]. Journal of economics, 2020, 100 (3):
191 – 216.

[240]KATO M, OKAMURO H, HONJO Y. Does founders human capital
matter for innovation? Evidence from Japanese start – ups[J]. Journal of small
business management, 2014, 53(1):114 – 128.

[241]KAYA Y, YOKOBORI K. Environment, energy and economy: strategies for sustainability[M]. Delhi, India:Bookwell Publications, 1999.

[242]KIM D H, SUEN Y B, LIN S C. Carbon dioxide Emissions and
trade: evidence from disaggregate trade data[J]. Energy economics, 2018(78):
13 – 28.

[243]KIM I, KIM C. Supply chain efficiency measurement to maintain
stainable performance in the automobile industry[J]. Sustainability, 2019, 10
(8): 2852 – 2860.

[244]KIM M S, PARK Y. The changing pattern of industrial technology
linkage structure of Korea: did the ICT induetry play a role in the 1980s and
1990s [J]. Technolodical forecasting and social change, 2009, 76 (5):
688 – 699.

[245]KLINE P, MORETTI E. Local economic development, agglomeration
economics and the big push: 100 years of evidence from the Tennessee Valley authority[J]. Quarterly journal of economics, 2014, 129(1): 275 – 331.

[246]KNIGHT KW, SCHOR J B. Economic growth and climate change: a
cross – national analysis of territorial and consumption – based carbon emissions
in high – income countries[J]. Sustainability, 2014, 6(6): 3722 – 3731.

[247]KORTELAINEN M. Dynamic environmental performance analysis: a
malmquist index approach[J]. Ecological economics, 2008(4): 701 – 715.

[248]KROMANN L, MALCHOW – MøllER N, SKAKSEN J R,et al. Automation and productivity – a crosscountry, cross – industry comparison[J]. Industrial and corporate change, 2020, 29(2): 265 – 287.

[249] KUJUR S K. Impact of technological change on employment: evidence from the organised manufacturing industry in India[J]. Indian journal of labour ecnomics, 2018, 61(2): 339-376.

[250] KUOSMANEN T, KORTELAINEN M. Measuring eco-efficiency of production with data envelopment analysis[J]. Journal of industrial ecology, 2005(4): 59-72.

[251] LE X A, MF A, LY B, et al. Heterogeneous green innovations and carbon emission performance: evidence at China's city level[J]. Energy economics, 2021:99.

[252] LI K, LIN B. Heterogeneity analysis of the effects of technology progress on carbon intensity in China[J]. International journal of climate change strategies and management, 2016, 8(1): 129-152.

[253] LI J B, HUANG X J, KWAN M P, et al. The effect of urbanization on carbon dioxide emissions efficiency in the Yangtze River Delta, China[J]. Journal of cleaner production, 2018, 188: 38-48.

[254] LI S J, WANG S J. Examining the effects of socioeconomic development on China's carbon productivity: a panel data analysis[J]. Science of the total environment, 2019, 659(4): 681-690.

[255] LI Z, SHAO S, SHI X P, et al. Structural transformation of manufacturing, natural resource dependence, and carbon emissions reduction: evidence of a threshold effect from China[J]. Journal of cleaner production, 2019, 206: 920-927.

[256] LIN B, DU K. Modeling the dynamics of carbon emission performance in China: a parametric malmquist index approach[J]. Energy economics, 2015, 49:550-557.

[257] LIN B, XU M. Regional differences on CO_2 emission efficiency in metallurgical industry of China[J]. Energy policy, 2018, 120(9): 302-311.

[258] LIN B Q, XU M M. Does China become the "pollution heaven" in

South – South trade? Evidence from Sino – Russian trade[J]. The science of the total environment, 2019(666): 964 – 974.

[259]LINITCH A, SODERSTROM N, THOMES T. Measuring corporate environmental performance[J]. Journal of accounting and public policy, 1998, 17:387 – 408.

[260]LIU Q, WANG S, ZHANG W,et al. Examining the effects of income inequality on CO_2 emissions: evidence from nonspatial and spatial perspectives [J]. Applied energy, 2019, 236: 163 – 171.

[261]LIU J, LIU L, QIAN Y, et al. The effect of artificial intelligence on carbon intensity: evidence from China's industrial sector[J]. Socio – Economic planning sciences, 2021(5): 101002.

[262]LIU X P, ZHANG X L. Industrial agglomeration, technological innovation and carbon productivity: evidence from China[J]. Resources, conservation and recycling, 2021, 166: 105330.

[263]LOUGHRAN T, MCDONALD B. When is a liability not a liability? Textual analysis, dictionaries, and 10 – Ks[J]. Journal of finance, 2011, 66 (1): 35 – 65.

[264]LUO L, LAN YI – C, TANG Q. Comparison of propensity for carbon disclosure between developing and developed countries[J]. Accounting research journal, 2013, 26(1): 6 – 34.

[265]MATSUMOTO K, MAKRIDOU G, DOUMPOS M. Evaluating environmental performance using data envelopment analysis: the case of European countries[J]. Journal of cleaner production, 2020, 272:122637.

[266]MCAUSLAND C. Trade, politics, and the environment: tailpipe vs Smokestack[J]. Journal of environmental economics and management, 2008, 55 (1): 52 – 71.

[267]MENG M, FU Y, WANG T,et al. Analysis of low – carbon economy efficiency of Chinese industrial sectors based on a RAM model with undesirable

outputs[J]. Sustainability, 2017, 9(3): 451.

[268]MOUSSA T, ALLAM A, ELBANNA S, et al. Can board environmental orientation improve US firms' carbon performance? The mediating role of carbon strategy[J]. Business strategy and the environment, 2020, 29 (1): 72 – 86.

[269]PAO H T, TSAI C M. Multivariate granger causality between CO_2 emissions, energy consumption, FDI and GDP: evidence from a panel of BRIC (Brazil, Russian Federation, India, and China) countries[J]. Energy, 2011, 36(1):685 – 693.

[270]PERKINS R, NENMAYER E. Do recipient country characteristics affect international spillovers of CO_2 – efficiency via trade and foreign direct investment[J]. Climate change, 2012, 112(2): 469 – 491.

[271]PHETKEO P, SHINJI K. Does urbanization lead to less energy use and lower CO_2 emissions? A cross – country analysis[J]. Ecological economics, 2010,70(2): 434 – 444.

[272]QIAN W, SCHALTTEGGER S. Revisiting carbon disclosure and performance: legitimacy and management views[J]. The British accounting review, 2017, 49(4): 365 – 379.

[273]RAMANATHAN R. Combining indicators of energy consumption and CO_2 emissions: a cross – country comparison[J]. International journal of global energy lssues, 2002, 17(3): 214 – 227.

[274]ROKHMAWATI A, GUNARDI A, ROSSI M. How powerful is your customers' reaction to carbon performance? Linking carbon and firm financial performance[J]. International journal of energy economics and policy, 2017, 7 (6):85 – 95.

[275]SADORSKY P. The impact of financial development on energy consumption in emerging economies[J]. Energy policy, 2010, 38(5): 2528 – 2535.

[276]SANTIS R D, ESQOSITO P, LASINIO C J. Environmental regulation

and productivity growth: main policy challenges [J]. International economics, 2021, 165(5): 264 – 277.

[277] SENGTHONGKHAM E E. The economic impact assessment of Laos – China hydropower projects using the entropy method [J]. Journal of research and development institute rajabhat maha sarakham university, 2021, 8 (2): 255 – 266.

[278] SHAN Y L, GUAN D B, LIU J H, et al. Methodology and applications of city level CO_2 emission accounts in China [J]. Journal of cleaner production, 2017,161: 1215 – 1225.

[279] SHAHBAZ M, TIWARI A K. NASIR M. The effects of financial development, economic growth, coal consumption and trade openness on CO_2 emissions in south African [J]. Energy policy, 2013, 61(1): 1452 – 1459.

[280] SHEN C, FENG R, YU B, et al. Industrial CO_2 emissions efficiency and its determinants in China: analyzing differences across regions and industry sectors [J]. Polish journal of environmental studies, 2018, 27 (3): 1239 – 1254.

[281] SINN H W. Public policies against global warming: a supply side approach [J]. International tax public finance, 2008, 25(4): 360 – 394.

[282] SUN J W. The decrease of CO_2 emission intensity is decarbonization at national and global levels [J]. Energy policy, 2005, 33 (8): 975 – 978.

[283] SUSSKIND D. A model of technological unemployment [D]. Economics Series, 2017.

[284] SWARUP S. The effect of technological innovation on production – based energy and CO_2 emission productivity: evidence from BRICS countries [J]. African journal of science technology innovation & development, 2017, 9 (5): 503 – 512.

[285] THOMAKOS D D, ALEXOPOULOS T A. Carbon intensity as a proxy for environmental performance and the informational content of the EPI [J]. En-

ergy policy, 2016, 94: 179 – 190.

[286]TONE K, TSUTSUI M. An epsilon – based measure of efficiency in DEA: a third pole of technical efficiency[J]. European journal of operational research, 2010, 207(3): 1554 – 1563.

[287] VELTE P. Environmental performance, carbon performance and earnings management: empirical evidence for the European capital market[J]. Corporate social responsibility and environmental management, 2021, 28 (1): 42 – 53.

[288]WAN H, LEE C. Impact of fiscal decentralization on firm environmental performance: evidence from a county – level fiscal reform in China [J]. Environmental science and pollution research, 2020, 27(29): 36147 – 36159.

[289]WANG K, WU M, SUN Y, et al. Resource abundance, industrial structure, and regional carbon emissions efficiency in China[J]. Resources policy, 2019, 60: 203 – 214.

[290]WANG L, SARKER P, ALAM K, et al. Artificial intelligence and economic growth: a theoretical framework[J]. Scientific annals of economics and business, 2021, 68(4): 421 – 443.

[291]WANG S J, ZENG J Y, HUANG Y Y, et al. The effects of urbanization on CO_2 emissions in the Pearl River Delta: a comprehensive assessment and panel data analysis[J]. Applied energy, 2018, 228: 1693 – 1706.

[292]WANG X, LI M. The spatial spillover effects of environmental regulation on China's industrial green growth performance[J]. Energies, 2019, 12 (2): 267 – 279.

[293]WANG Y, WANG J. Does industrial agglomeration facilitate environmental performance: new evidence from urban China[J]. Journal of environmental management, 2019, 248(15): 109244. 1 – 109244. 11.

[294] WANG J, ZHAO T. Regional energy – environmental performance and investment strategy for China's non – ferrous metals industry: a non – radial

DEA based analysis[J]. Journal of cleaner production, 2016, 163: 187 – 201.

[295]WANG S, WANG J, FANG C, et al. Estimating the impacts of urban form on CO_2 emission efficiency in the Pearl River Delta, China[J]. Cities, 2019, 85(2): 117 – 129.

[296] WEI Z, HAN B, HAN L, et al. Factor substitution, diversified sources on biased technological progress and decomposition of energy intensity in China's high – tech industry [J]. Journal of cleaner production, 2019, 231: 87 – 97.

[297] YAN D, LEI Y, LI L, et al. Carbon emission efficiency and spatial clustering analyses in China's thermal power industry: evidence from the provincial level[J]. Journal of cleaner production, 2017, 156(10): 518 – 527.

[298]YANG C H, TSENG Y H, CHEII C P. Environmental regulations, induced R&D, and productivity: evidence from Taiwan's manufacturing industries[J]. Resource and energy economics, 2012, 34(4): 514 – 532.

[299]YANG L G, LIU Y N. Can Japan's outwards FDI reduce its CO_2 emissions? A new thought on polluter haven hypothesis[J]. Advanced materials research, 2013, 809: 830 – 834.

[300]YANG X, JIA Z, YANG Z, et al. The effects of technological factors on carbon emissions from various sectors in China: A spatial perspective [J]. Journal of cleaner production, 2021, 301:126949.

[301]ZAIM O, TASKIN F. Environmental efficiency in carbon dioxide emissions in the OECD: a non – parametric approach[J]. Journal of environmental management, 2000, 58(2): 95 – 107.

[302]ZHANG C, LIU C. The impact of ICT industry on CO_2 emissions: a regional analysis in China[J]. Renewable and sustainable energy reviews, 2015, 44: 12 – 19.

[303]ZHANG L, XIONG L, CHENG B, et al. How does foreign trade influence China's carbon productivity? Based on panel spatial lag model analysis

[J]. Structural change and economic dynamics, 2018, 47(12): 171 –179.

[304]ZHANG N, CHOI Y. Total – factor carbon emission performance of fossil fuel power plants in China: a metafrontier non – radial malmquist index analysis[J]. Energy economic, 2013, 40: 549 –559.

[305]ZHANG X, HAN J, ZHAO H, et al. Evaluating the interplays among economic growth and energy consumption and CO_2 emission of China during 1990 –2007[J]. Renewable and sustainable energy reviews, 2012, 16(1): 65 –72.

[306]ZHAO X, LIU C, YANG M. The effects of environmental regulation on China's total factor productivity: an empirical study of carbon – intensive industries[J]. Journal of cleaner production, 2018, 179(1): 325 –334.

[307]ZHENG S, KAHN M E. A new era of pollution progress in urban China[J]. Journal of economic perspectives, 2017, 31(1): 71 –92.

[308]ZHOU P, ANG B W, POH K L. Comparing aggregating methods for constructing the composite environmental index: an objective measure[J]. Ecological economics, 2006(3): 305 –311.

[309]ZHOU C, WANG S, WANG J. Examining the influences of urbanization on carbon dioxide emissions in the Yangtze River Delta, China: kuznets curve relationship[J]. Science of the total environment, 2019, 675(20): 472 –482.

[310]ZHOU G, CHU G, Li L, et al. The effect of artificial intelligence on China's labor market[J]. China economic journal, 2019, 13(1): 24 –41.

索　引